M5Stack/ M5Stick
ではじめる
かんたんプログラミング

田中正幸 著

JN086778

マイナビ

●本書で紹介している製品について
　本書で紹介している M5Stack 社の商品の仕様や販売先の URL などは、すべて 2022 年 3 月段階の情報となっております。
　書籍刊行後に、製品の仕様変更や販売終了が起きている可能性があります。あらかじめご了承ください。

●本書のサポートサイト
　本書の補足情報、訂正情報などを掲載してあります。適宜ご参照ください。
　https://book.mynavi.jp/supportsite/detail/9784839977474.html

●本書は 2022 年 3 月段階での情報に基づいて執筆されています。
　本書に登場する製品やソフトウェア、サービスのバージョン、画面、機能、URL、製品のスペックなどの情報は、すべてそ
　の原稿執筆時点でのものです。
　執筆以降に変更されている可能性がありますので、ご了承ください。

●本書に記載された内容は、情報の提供のみを目的としております。
　したがって、本書を用いての運用はすべてお客様自身の責任と判断において行ってください。
●本書の制作にあたっては正確な記述につとめましたが、 著者や出版社のいずれも、本書の内容に関してなんらかの保証をす
　るものではなく、 内容に関するいかなる運用結果についてもいっさいの責任を負いません。あらかじめご了承ください。

●本書中の会社名や商品名は、該当する各社の商標または登録商標です。
　本書中では ™ および ® マークは省略させていただいております。

はじめに

　この本はプログラムをはじめて勉強しようとしている人、もしくは M5Stack を使って電子工作や IoT をはじめたい人向けになります。私がプログラムの勉強をはじめたのは 14 歳のころでしたが、当時はパソコンが家になく気軽にプログラムを動かすことができませんでした。現在は M5Stack などのボードとパソコンがあれば、実際に物を動かしながら気軽に勉強をはじめられる時代になりました。

　M5Stack とは 2017 年に中国で販売開始された製品で、公開直後から話題になり日本では 2018 年より本格的に販売されています。約 5 センチの四角い基板に液晶やボタン、バッテリーなどが内蔵され、ケースにも入っているため非常に使いやすいボードです。2019 年に小型の M5StickC が発売され、値段も M5Stack に比べると安くなっています。その後画面が大きくなった M5StickC Plus や、いろいろなボードが増え、いまでも新製品がどんどん発表されています。

　現在 M5Stack シリーズは大学などの講義に使われるようになってきています。特に外部のセンサーから入力をしたり、モーターや LED で動作をさせるのがかんたんにできるため、美大などで表現をするためのプログラムを学ぶ題材として適しているようです。

　プログラム自体を学ぶのは M5Stack 以外のボードや、パソコンのみで学ぶ環境がありますが、ものを実際に動かして学ぶことも重要だと思います。パソコンのような大きな画面がないので、ゲームなどを作るのにはあまり適していませんが、傾けたりと体を使った入力が可能ですので、夏休みの自由研究などの発明の分野や、アート的な表現が得意です。

　また、これまで M5Stack シリーズを題材にした書籍は何冊か発売されていますが、Arduino というテキストでプログラムをする環境ばかりでした。テキストプログラムは複雑なプログラムをするのには適していますが、覚えることが多すぎる欠点があります。本書はブラウザを使ってブロックを組み合わせる UIFlow を利用してグラフィックプログラムを学んでいきます。

　UIFlow は使えるブロックが非常に多いので、最初は難しいように思えますがプログラムの基礎を学ぶのには適している環境です。テキストを利用したプログラムはキーボードの使い方から学び、関数名などを覚える必要がありますが、UIFlow では必要な機能のブロックを探してきて設置するだけでプログラムを動かすことができます。反面ブロックが用意されていない機能を使うことは難しいですが、よく使う機能は網羅されていますので安心です。

　さらに M5Stack シリーズの特徴としてユニットでの拡張性があります。これまでの電子工作はケースに入っていない、むき出しの部品をハンダごてなどを使って結線することが一般的でした。M5Stack の製品はケースに入っており、専用ケーブルでボタンやセンサー、モーターなど様々なものをかんたんに接続することができます。

　無線を利用した IoT・電子工作をする場合に候補となりやすい M5Stack シリーズの使い方と、基礎的なプログラム方法を本書にて学んでみてください。

2022 年 3 月 田中正幸

プログラムの基本を理解しよう

プログラムとはどんなものかをかんたんに説明したいと思います。プログラム自体は特別なもので
はなく、人にお願いするようなことを、コンピュータにお願いすることです。誰にお願いしても、
頼み方は変わっても最終的に実現したいことは変わらないはずです。プログラム特有の頼み方を学
ぶ必要はありますが、まずはどんなことをお願いしたいのかを正しく考えることが重要です。

Chapter 1

プログラムとは？

1

日本語や英語に文法があるようにプログラムにも文法があります。たとえば日本語は言葉の順番を入れ替えても比較的意味が通じる言語です。英語や中国語などは言葉の順番に意味があり、入れ替えると意味が変わってしまいます。プログラム言語の文法は数学の数式のように決まった書き方があります。そしてプログラム言語もいろいろな種類があありますので、使う言語によって文法も異なります。しかしながら基本的な考え方は共通ですので、まずは基本を学んでおけば、他のプログラム言語への応用はかんたんです。

1-1　プログラムって？

プログラムというと何を想像するでしょうか。コンピュータに向かってキーボードで何やら大量に文章を打ち込んでいるのが思い浮かぶかもしれません。ものすごく難しい数学を使って、なにやらわけのわからないものを作っているのを想像するかもしれません。

プログラムとはコンピュータに仕事を依頼するための文章です。実は人に依頼するのとそれほど変わりません。人にものを依頼するときもかんたんな依頼もあれば、非常に難しい依頼もあります。

たとえばクイズ番組などで使う早押しボタンを作ろうとした場合、人ではどちらが早かったかを判定することは難しいです。しかしコンピュータであればかなり正確に押した順番を判定することが可能です。

人の方が得意なこともありますし、コンピュータが得意なこともあります。人とコンピュータのどちらでもできることもあります。人によって得意不得意があるように、コンピュータも種類によって得意不得意があります。料理を依頼する場合、シェフにお願いする場合と、友達にお願いする場合では依頼の方法が変わると思います。

プログラムとは、動きを言葉にすることです。トランプで遊ぶ大富豪というゲームがありますが、人により細かいルールが異なる場合があります。利用するルールを確認する前にゲームを始めてしまうと、人によって思っていたルールと違って困ってしまいます。このようにならないように、最初に決まりごとや手順を決めるのがプログラムです。

なんだかガチャガチャ作業しているイメージが普通に人が考えるプログラミング。

1-2 プログラム言語とは？

プログラムは言葉にすることだと書きましたが、言葉とは日本語に限りません。たとえば数学の場合には数式を使って表現をしています。家を建てるときには絵と数値を使った設計図を使います。

プログラムの場合にはコンピュータが理解しやすいように、プログラム言語と呼ばれるもので表現をします。日本語や英語があるように、**プログラム言語にもいろいろな種類があります**。

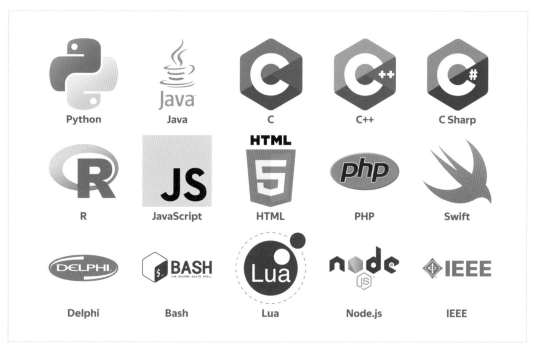

代表的なプログラミング言語だけでも、十数種類ある。

たとえば海に囲まれている国で使われる日本語は魚に関する単語や表現が豊富です。一方、海の少ない国で使われているドイツ語では魚の単語が日本語より少ないです。同じように英語ではカツオやマグロもツナと表現されることが多いです。逆に日本語では雪の色などの表現が少ないですが、雪の多い国の言葉ではもっと細かい分類があります。このように言語により得意な表現が異なり、これはプログラム言語にも当てはまります。

日本語で書くプログラム言語もありますし、英語で書くプログラム言語もあります。また、図で表現するプログラム言語もあります。ただどの言語を利用しても書き方が違うだけで、表現したい内容は同じです。

料理の作り方を表現したい場合に、日本語で書いても英語で書いても絵で書いても、必要な材料の一覧と正しい手順が書いてあれば問題ありません。

大切なことは重要なことが過不足なく言語化できていることです。例えば必要な材料が抜けていたり、量が書いていなかったり、手順が抜けていると正しくその料理を再現することはできません。

また、日本語や英語に文法があるようにプログラムにも文法があります。たとえば日本語は言葉の順番などを入れ替えても比較的意味が通じる言語です。英語や中国語などは言葉の順番に意味があり、入れ替えると意味が変わってしまいます。プログラム言語の文法は数学の数式のように決まった書き方があります。そしてプログラム言語もいろいろな種類がありますので、使う言語によって文法も異なります。しかしながら基本的な考え方は共通ですので、まずは基本を学ぶことで他のプログラム言語への応用はかんたんです。

Chapter 1

Chapter 2

Chapter 3

Chapter 4

Chapter 5

Chapter 6

1-3 プログラムをする理由

プログラムはコンピュータに対して動きや手順を教えてあげるものです。そのためにはどう動けばいいのかを順序立てて説明する必要があります。

この作業は実はコンピュータに対してではなく、人に対して説明をするためにも重要な作業となります。コンピュータに説明する前に動きを考えて、手順を整理する必要があります。その情報を日本語で表現することで人に対しても同じ作業を依頼することができます。

コンピュータに依頼する場合には、人に対してよりもより詳しく説明する必要があります。人であれば適当に頼んでも自分で判断しながら作業できますが、コンピュータの場合には頼んだ通りにしか動いてくれません。

1-4 プログラムの環境

プログラムが動く環境にはいろいろな環境があります。パソコンの中だけで動く環境の他に、いろいろな機械にもプログラムは埋め込まれています。

個人でプログラムをする場合には、気軽に使える方法としては次の3種類の環境があります。

1つ目はパソコンの中でのみ動く環境です。パソコンの中でプログラムをして、パソコンの中で動きます。

パソコン以外には必要なものがないので手軽に試すことができます。ただしパソコンがない場所では作成したプログラムを動かすことはできません。

パソコン1台あれば完結する。

2つ目はパソコンにケーブルで接続した機械にプログラムを転送して動かす方法です。パソコンでプログラムをして、機械にケーブルを使ってプログラムを転送することで動かします。

パソコンでプログラムをして、機械にケーブルを使ってプログラムを転送する。

3つ目はインターネットに接続された機械に対して、ブラウザなどからプログラムを転送して動かす方法です。最初に機械をインターネットに接続する手間がかかりますが、パソコンやタブレットのブラウザ環境があればケーブルなしにどこでもプログラムが可能です。

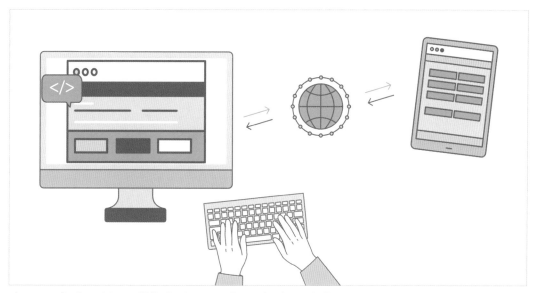

パソコンでプログラムをして、機械にネットワークを使ってプログラムを転送する。

2番目と3番目はケーブルのありなしの違いなのですが、プログラムを転送する場合にケーブルが必要だと手間がかかるので、気軽に更新することができません。
今回本書で紹介するのはこの3番目の方法で、最初に機械をインターネットに接続させる必要があるためちょっとだけ面倒ですが、一度設定してしまえば非常に簡単にプログラムが可能な環境です。

Chapter 1

Chapter 2

Chapter 3

Chapter 4

Chapter 5

Chapter 6

プログラムと数学

プログラムは数学的なものと思っている人が多いですが、実はプログラム言語を書いているので人に過不足なく説明できる語学的なスキルの方が重要です。ただし数学が必要になる場合もありますので、どのようなときに必要になるかの説明と、コンピュータで使われる数値の説明をしたいと思います。

2-1 プログラムに数学は必要？

必要と思っている人が多いですが、多くの場合には必要ありません。数学ができたほうが得なことはありますが、正しく説明ができる日本語の能力が一番重要になります。しかしゲームを作る場合には数学の知識が必要になることが多いです。

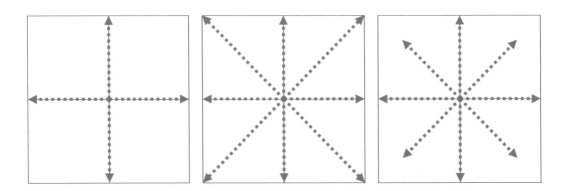

たとえばいろいろな方向に移動できるゲームを作るときに、移動量の計算で数学が必要になる場合があります。上左図のように上下左右に移動するときには、各方向への移動量は同じ距離になります。上に移動するときには上に1の移動量としたとき、右に移動するときも右に1の移動量になります。

次に上真ん中の図では斜めへの移動を足してみました。右斜め上に移動するときに上に1の移動量、右に1の移動量としてしまうと、斜めは約1.41の移動量となってしまいます。これは実際に上下左右と斜めの長さを比べるとわかりやすいです。

上右図では、中心からの円の距離になっています。右斜め上に移動するときに上に約0.7の移動量、右に約0.7の移動量になります。この場合にはどの方向に移動しても同じ移動量になります。このとき斜めの移動量を正しく計算するためには三角関数などの数学の知識が必要になります。

Chapter 1

Chapter 2

Chapter 3

Chapter 4

Chapter 5

Chapter 6

2-2 2進数？

コンピュータでは0と1でできていて、2進数が使われていると聞いたことがあるかもしれません。まずは日常で使っている10進数を説明します。当たり前かもしれませんが10進数は1の位、10の位と10倍されて位が増えていきます。このように既存のよく知っているものから分析して差を考えることが重要です。

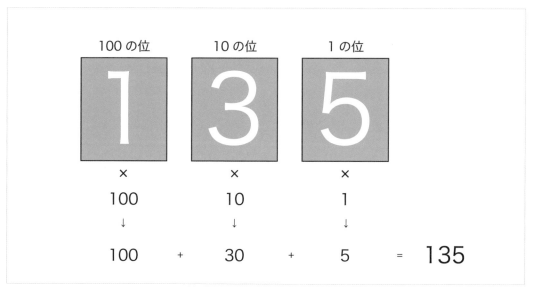

10進数は10ずつの位になっている

次に10進数以外で一番馴染みがある60進数を紹介します。何に使われているかというと時間になります。
60分が1時間と位があがっているので60進数になります。
1時間30分15秒を秒換算すると、5,415秒になります。位があがると60倍増えていますね。

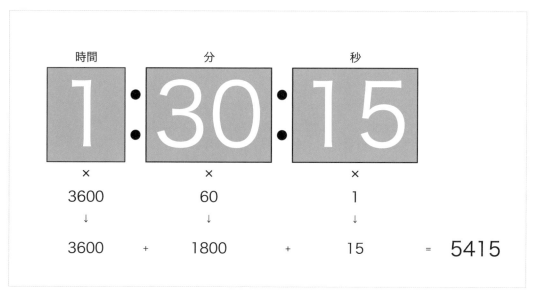

60進数は60ずつの位になっている。

2進数の場合も同じように計算をしていきます。たとえば2進数で**1010の場合には8+2で10進数で10となり**ます。

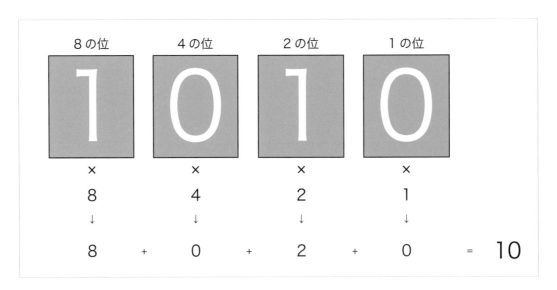

2進数で8桁の場合には下記のように1から倍、　倍になっていきます。**11111111の場合、128+64+32+16+8+4+2+1で10進数にすると255になります。**ちょっと桁数が多くて数字がわかりにくいですね。

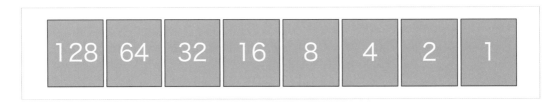

そこで2進数4桁分に相当する0000(0)から1111(15)に相当する16進数がよく使われます。計算の仕方は同じです。**2進数で10001101を16進数にする場合には4桁ずつ分離して、10進数に変換すると1000が8、1101が13になります。**2桁の数字を使う場合には813と表示すると区切りがよくわかりません。時間の場合には8:13などと区切り文字が必要になりますね。

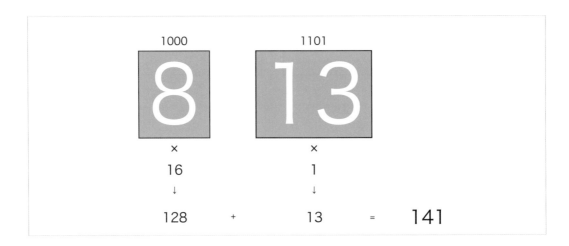

そこで16進数の場合には10以上の数字にはAからの記号を割り振っています。この表をみると13はDなので8Dと表記することが可能になります。

10進数	1	2	3	4	5	6	7	8	9	10	11	12	13	14	15
16進数	1	2	3	4	5	6	7	8	9	A	B	C	D	E	F

2進数だと10001101と長くてわかりにくいのですが、16進数にすることで8Dと短くなりました。A以上の数字がすぐにわかりにくいのですがコンピュータは2進数で8桁単位で計算をしていることが多いので16進数がよく使われています。

さて、ここまで2進数や16進数を紹介しましたが、1111とあった場合に何進数なのかわかりません。そこで何進数かを表記する方法があります。

進数	表記なし	文章	プログラム
10進数	13	(13)10	13
2進数	1101	(1101)2	0b1101
16進数	D	(D)16	0xD

表記の仕方は複数あります。表記なしは区別ができないので通常は使いません。一般的な文章ではカッコで囲いその後ろに何進数かを記述します。プログラムの場合には使う言語により表記が変わるのですが、一般的には10進数の場合にはそのまま書きます。2進数は0bを先頭に追加し、16進数は0xを追加します。

これで(10001101)2や0x8Dと表記することができるようになりました。さて0x8Dが10進数だといくつになるかを計算する方法ですが、プログラマ電卓を使うとかんたんに計算できます。

Windowsの場合は電卓を使うことで計算することができます。標準の左にあるメニューをクリックすることでモードを変更することができます。

メニューをクリックすることでモードを変更することができる

プログラマーを選択するとプログラム電卓のモードになります。

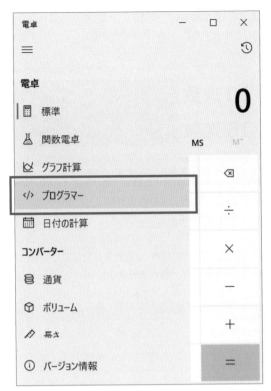

標準だとDECで10進数になっています。HEXをクリックすることで変更することができます。16進数に変更すると今までグレーになっていて利用できなかったAからFまでのボタンも使えるようになりました。

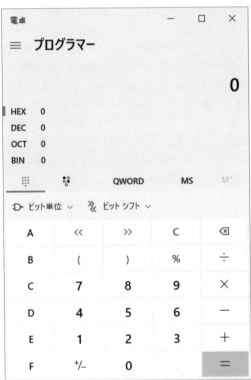

それでは(8D)16を8とDを順番に押して入力してみます。

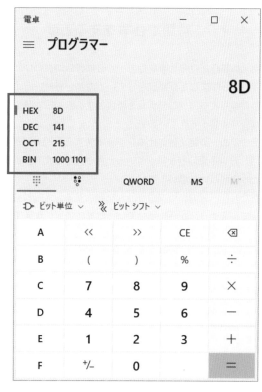

すると10進数だと(141)10、2進数だと(10001101)2であることがすぐにわかりました。

表記	進数
HEX	16進数
DEC	10進数
OCT	8進数
BIN	2進数

表記ですが、上記の対応になっており16進数は英語のHexadecimal、10進数はDecimal、8進数はOctal、2進数はBinaryの略語になっています。8進数は2進数を3桁単位でまとめたもので、各桁が0から7になります。プログラムの場合にはファイルなどに対して読み込みが許可されているか、書き込みが許可されているか、実行できるかなどの状態を表すときに使われています。

Chapter 1

Chapter 2

Chapter 3

Chapter 4

Chapter 5

Chapter 6

2-3 言語で仕事をするとは

例えば英語だけで仕事をしていくのは難しい世の中になっています。英語の小説を翻訳するのも、日本人のベストセラー作家などが翻訳をしていることがあり、日本人の作家と文章力で勝負する必要があります。プログラムの書籍なども、プログラムを職業とする人が日本語に翻訳をするケースが増えており、英語だけできる人の仕事は少なくなってきています。

そのため、英語を軸に仕事をする場合でも専門分野を持つ必要があります。例えば英語＋ファッションなど、専門分野や得意分野を持っていると強みになります。プログラムでも数学や流通、医学などプラスアルファがないと今後難しいと思います。

ただし、一般的にはプログラムを軸にする人よりは芸術などをメインにして、プラスアルファにプログラムを持ってくるケースが今後増えていくはずです。いままではプログラムは特殊なものでしたが、今後は自然とみなさんが使うようになっていく世の中に変わっていくはずです。そのときにプログラムとはどのようなものかの概要を知っていることは強みになるか、逆に知らないと弱みになってしまうと思っています。

プログラムは、やりたいことを正しく言語化していくスキルです。まずは日本語でやりたいことを過不足なく記述できるのであれば、プログラム自体は人に依頼することもできますし、自分でも時間はかかってもプログラムをすることは可能です。プログラムをする上では覚えることがたくさんありますが、まずはやりたいことの言語化と、楽しみながら動かしてみることにチャレンジしてみてください。

M5StackとUIFlowの基本を知ろう

UIFlowとはM5Stack社が開発するグラフィックプログラム環境です。文字を使うテキストプログラムとは異なり、ブロックなどの図形を使うプログラムです。ここでは開発元のM5Stack社の紹介と、UIFlowでどのようなものが作れるのかと、UIFlowに対応しているIoT開発ボードの紹介と使い方や選び方を紹介します。

UIFlowとは

1

ここでは本書で主に扱うUIFlowに関しての一般的な情報を解説します。
詳しい使い方などは後の節、章で解説しますが、まずはUIFlowというものがどういうものかを理解してもらえると、その後の解説に役立つと思いますので、すでにUIFlowを知っているという方でもまずはこの節を読んでみてください。

1-1　M5Stackで使える開発環境

M5Stackの開発環境※、つまりプログラムを組む方法として代表的なものは以下の3つほどあります。
※プログラムを組むためのアプリケーションと理解しておけばいいでしょう。

- **Arduino IDE**
- **ESP-IDF**
- **UIFlow**

上記のように、M5Stackにおいては、**Arduino IDE**、**ESP-IDF**、**UIFlow**という開発環境が主に使われており、特に一般的な開発環境としてはArduino IDEが主流といえます。
現在のM5StackではArduino IDEが主流のプログラム開発環境ですが、適切な命令を適切な文法で記載していく方法でプログラムをしていく必要があります。プログラムを組む上で、この文字によるプログラムを組むという作業は一定数以上の命令と文法を適切に覚えなければならないため、習得するには時間がかかります。また、Arduino IDEでプログラムをする場合、各M5StackのライブラリなどをArduino IDEに組み込んだり、設定する必要も出てきます。
最終的にはArduino IDEで組んでいく方が色々便利といえるかも知れませんが、なかなか気軽に組めるというわけでもないので、二の足を踏んでしまうのも事実でしょう。
そこで本書ではUIFlowと呼ばれる**GUI（ブロックタイプ）**でプログラムを組んでいける開発環境を使ってプログラムの解説を行っていきます。

1-2　UIFlowのメリットとデメリット

UIFlowのメリットとデメリットを解説していきます。
当然、どんなプログラム環境でもメリット、デメリットは存在します。例えば、先ほど解説したArduino IDEのメリットしてはプログラムの自由度と、皆が使っていることもあり、情報がたくさんあります。逆にデメリットとしては習得に時間がかかることでしょう。

UIFlowのメリットとしては、まず命令自体が右図のように**ブロック単位でまとめられている点**です。このことにより、命令自体を文字や文章単位で覚える必要がありません。

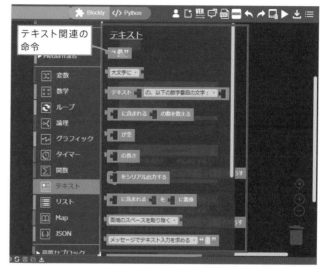

また、プログラムを組んでいく作業もブロック単位でまとめられている命令をつなげていくというシンプルなものになります。

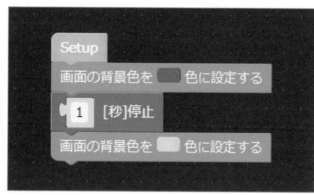

逆にデメリットとしては、複雑なプログラムを組んでいくのが苦手とされています。これはすべての命令がブロック単位でまとめられているため、**命令と命令を組み合わせて1つの命令として作用させることができないためです**。この部分はChapter4以降でも触れられているので、ここでは詳しい解説は行いませんが、たとえばゲームなどの複雑な要素が絡むようなプログラムをUIFlowで組むのは、相当面倒なことになるでしょう。

もう1つのデメリットとしては、最新機種や最新の機器への対応がArduino IDEなどに比べて遅いことです。これはプログラムを組んでいくことに関しては非常に大きいデメリットであり、UIFlowが抱える問題といっても過言でありません。

1-3 本書でUIFlowを選んだ理由

それでもUIFlowを本書で選んだ理由は、やはり圧倒的に習得しやすく、初心者向きと言うことと、やりたいことをさっとできることです。例えば、気温を取得してそれをクラウドサーバーにアップして表示させるなどをUIFlowで行おうとした場合、慣れていれば30分もかからず実現できます。そういう手軽さがUIFlowにあり、まずはプログラムに慣れようとしている人にはぴったりなプログラム環境といえます。

まずは本書でUIFlowの使い方を覚え、それに飽き足らなくなったら、Arduino IDEなどのプログラム環境を勉強してみるのがいいでしょう。

Chapter 1

Chapter 2

Chapter 3

Chapter 4

Chapter 5

Chapter 6

M5Stack社とは

2

UIFlowの開発元であり、対応したボードを開発販売しているM5Stack社を説明します。創業者の使いたいものを素早く開発し、ユーザーのフィードバックをどんどん取り入れるスピード感のあるスタートアップのハードウェアメーカーになります。

2-1 M5Stack社

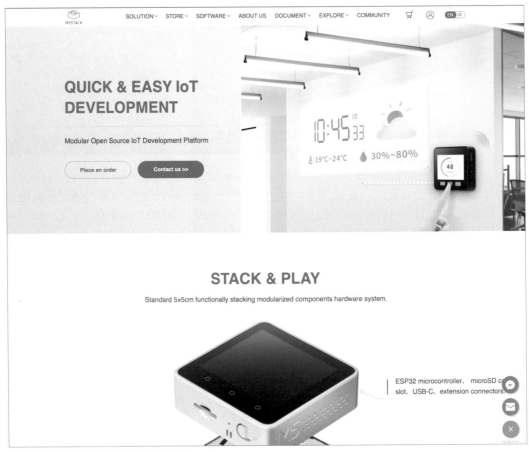

M5Stack社公式サイト：https://m5stack.com

M5Stack社 (https://m5stack.com) は中国にあるスタートアップのハードウェアメーカーです。スタートアップとは新しい価値を作り出して急激に成長している会社のことで、M5Stack社は創業者がほしいと思った製品をどんどん世に送り出しており、非常に成長している会社です。

M5Stack社の製品の特徴として、画面とボタン、バッテリーを内蔵しており、無線での通信も可能なものが多いです。きれいなケースに入っていることも利点の一つで、他社のIoT開発ボードはケースやバッテリーが別売りでむき出しになっているものが多いです。もともと創業者が電力会社の研究開発で同じようなものを何度も作っているので、共通するような機能を最初から製品として提供できないかと始めたのがきっかけとのことです。そのため安価で非常に使いやすい製品が多いのが特徴です。

また、開発速度も非常に早く、毎週のように新製品が発売されています。新しい製品を次々に発売し、そのフィードバックを元に次の製品を開発するとてもスピード感のある会社といえます。

M5Stack社の製品は日本で最初にブームになり一気に広がり、その後は世界中で使われているようです。現在でもユーザーの割合でいうと日本が一番多く、情報も日本語が一番充実しているような状況です。

M5Stack社の製品を買う場合、色々な購入方法があり、公式サイト、Amazon、AliExpressなど、様々なネットショップで取り扱っています。

AliExpressでは専用のページも持っている（https://m5stack.aliexpress.com/store/911661199）

UIFlowでなにができるの？

UIFlowはブロックなどの図形を組み合わせてプログラムを行い、対応するボードの機能をかんたんに利用することができます。UIFlow以外のグラフィックプログラム環境と比べるとボードの機能は非常に多機能で拡張性があります。

POINT

ブロックプログラミング
UIFlowはブロック（**Blockly**）を組み合わせてプログラミングを行っていくプログラミング手法です。
詳しいプログラミング方法はChapter4で解説します。

3-1　ボタンでの入力

ボードにはボタンが1個から3個搭載されていますので、ボタンでの入力が可能です。ボタンを押すことで画面やLEDの表示を変更することが可能です。

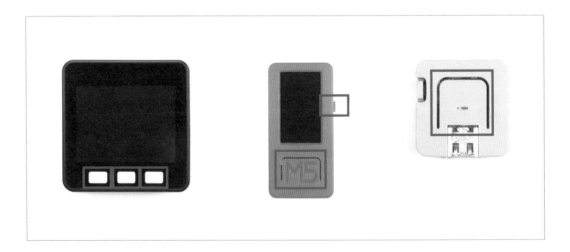

3-2　画面やLEDの制御

すべてのボードで画面やLEDが搭載されており、現在の状況などを表示可能です。画面付きのボードでは文字や画像も表示可能です。

スピーカー

一部のボードではスピーカーを内蔵していますので、音を出すことができます。きれいな音楽を鳴らすのは難しいですが、ブザーやチャイムのような使い方ができます。

内蔵センサー

ボードによっては動きや角度を取得できる加速度センサーなどを内蔵しています。これを使うことで衝撃や回転を検出したり、地面との傾きを感知することができます。

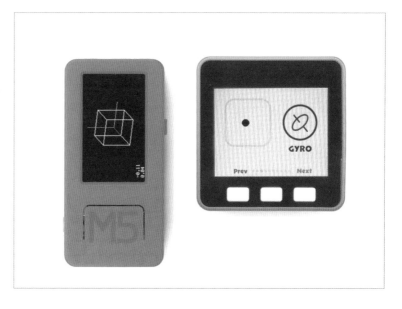

Chapter 1

Chapter 2

Chapter 3

Chapter 4

Chapter 5

Chapter 6

3-5 無線通信

すべてのボードが無線通信に対応しています。近くにあるボード同士で通信をしたり、インターネット経由で遠くのボードと通信をしたり、天気などの情報を取得することもできます。

3-6 拡張ユニット

M5Stack社のボードはケーブルで接続することで機能を拡張することができるユニットも販売しています。ボタンやジョイスティックなどの入力用ユニットや、気温や湿度、壁までの距離などを測るセンサーユニットの他に、モーターなどで物を動かしたり、給水用のポンプなどの動きのあるユニットがあります。

気温、湿度、気圧を測定するENV Ⅲユニット

ゲーム機のような操作が可能なジョイスティックユニット

ボリュームでの操作が可能な回転角ユニット

超音波を利用して距離を計測する超音波測距ユニット

モーターで小さいファンを回すミニファンユニット

指紋認証をする指紋センサユニット

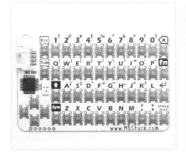
キー入力ができるカード型キーボードユニット

六角形のフルカラーLED搭載の六角形ユニット

水分測定センサー付き給水ポンプユニット

Chapter 1

Chapter 2

Chapter 3

Chapter 4

Chapter 5

Chapter 6

Chapter 2

4 UIFlowで使えるIoT開発ボード

M5Stack社で販売しているいろいろなIoT開発ボードでUIFlowを利用することができます。ここでは簡単に概要を紹介します。また新製品が毎週出るため、ここにあるボード以外も発売されている可能性がありますので注意してください。

4-1 注意点

ボードに搭載されているチップはどれも容量などの差はありますが同じ性能です。そのため高いボードと安いボードで処理速度に大きな差はありません。ただし高いボードの方が容量が大きい場合があるのでたくさん保存できたり、画像をたくさん表示できるなどの差はあります。細かい性能差はありますが、UIFlowで使う上ではボタンの数や画面の大きさ、拡張ユニットのポート数などで選ぶとよいでしょう。

4-2 M5Stack系

約5センチの四角い基板が内部に入っている標準的なシリーズです。大きめの画面とボタンがついていますが、大きい分少し値段が高いです。最新のCore2シリーズはボタンの代わりにタッチパネルが搭載されています。

ボードの選び方ですが、標準的なのが**BASIC**になります。他のボードはBASICにさまざまな機能を追加した構成になっています。**GRAY**は本体の動きを感知する加速度センサーなどを追加し、**FIRE**はさらに本体の横にLEDバーが追加されています。**GO**はIoT学習向けのキットでセンサーなどの拡張ユニットもセットになったものです。Core2はボタンの代わりにタッチパネルを搭載した最新型になります。**Core2 for AWS**はすこし特殊ですが、Amazon Web Servicesとコラボしたモデルで拡張ユニットのポート数を増設したモデルです。

おすすめは標準的で一番安いBASICか、最新で全部入りのCore2 for AWSです。Core2 for AWSは名称にAWSが入っていますが、Core2同様に使えて拡張ユニット用のポートが増設されているので、非常に使いやすいボードです（その分、他のM5Stackよりは価格が高めですが）。

GOも拡張ユニットがセットされており、便利なのですが少し高い製品です。他のボードに自分で使いたい拡張ユニットを追加で購入したほうが無駄は少ないと思います。

Core系

Core2系

4-3 　M5StickC系

細長いスティック状のシリーズです。画面は小さいです
がボタンやマイク、バッテリーなどが内蔵されており、
M5Stack系より安いですが必要なものは揃っています。
M5Stack系と比べると画面が小さく、ボタンの数が
3個から2個に減っています。容量も小さいのですが、
UIFlowでは十分な容量があるので、それほど問題には
ならないと思います。著者も一番利用しているボードと
なります。
M5StickCと**M5StickC Plus**の2種類ありますが、
M5StickCの画面を一回り大きくし、ブザーを追加し
たものがM5StickC Plusになります。外見の大きさ
は同じであり、バッテリーサイズもM5StickC Plusの
方が少しだけ大きくなっています。価格はM5StickC

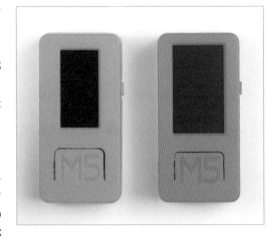

Plusの方が少し高いのですが、UIFlowで使う場合は性能と価格のバランスが良く、最初の一台としておすすめ
できるボードとなります。
本書籍ではM5StickC Plusを利用してUIFlowの使い方を説明していきます。ただし、基本的な使い方はどの
ボードでも同じですのでブザーやLEDなどボードにより搭載されていない機能をのぞけば、他のボードを使って
いても問題ありません。

4-4 　ATOM系

小さく、画面やバッテリーが入っていないシリーズで
す。画面の代わりにフルカラーのLEDが搭載されてい
ます。安価ですので電源に接続して常に動かすものに
は適しています。
最初の一台としてはおすすめしにくいシリーズになりま
す。画面がないため動いているかの確認がしにくいで
す。小さいためおもちゃなどの中に搭載し、制御する用
途にも使われますが、バッテリーを内蔵していないため
動かしにくいボードとなります。画面があまり必要ない

ようなプログラムを長時間動かし続けるような用途ですと、他のボードより安価なため使われることが多いです。
ATOM LiteのフルカラーLEDの数を1個から25個に増やし、本体の動きを感知する加速度センサーを追加した
ものがATOM Matrixになります。ATOM系を最初に購入するのであればATOM Matrixをおすすめします。

Chapter 1

Chapter 2

Chapter 3

Chapter 4

Chapter 5

Chapter 6

4-5 M5Stamp系

一番小型で、必要最低限のものしか搭載されていないシリーズです。USB端子が搭載されていないため、専用の書き込み機を使う必要があります。他の機械に組み込む場合など特殊な用途向けになります。

別途購入する機材などが必要であり、1台だけ動かした場合にはATOM系より高くなりますのでおすすめしません。大量に使う用途や非常に小さい場所に内蔵する場合以外では取り扱いが難しいボードとなります。

4-6 電子ペーパー系

モノクロで省電力の電子ペーパーを画面に利用しているシリーズです。取り扱いが難しいので最初に使うのには適していません。電子ペーパーが高いため、他と比べると価格も高くなっています。

CoreInkは小型で一日数回天気予報などの更新をするような用途。**M5Paper**はタッチパネルがついていますので、電子書籍的な使い方もできます。ただし非常に取り扱いが難しいボードですので、あまりおすすめできません。また、電子ペーパーの特徴として夜に画面表示していてもバックライトで明るくならないので、暗くなってほしい場所で利用する用途などには便利なボードとなっています。電子ペーパー系以外のボードは画面にバックライトが搭載されていますので、暗い場所では非常に目立ってしまいます。

ボードの使い方の説明

Chapter 2

5

UIFlowが使えるボードの使い方などを簡単に紹介したいと思います。電源まわりはボードにより少し癖がありますので注意してください。

5-1 ボードの外見と機能説明

ボード	バッテリー	画面サイズ	画面種類	LED	サウンド	ボタン	拡張ユニットポート
BASIC	内蔵	2インチ	液晶	-	スピーカー	物理ボタン3個	PortAのみ
GRAY	内蔵	2インチ	液晶	-	スピーカー	物理ボタン3個	PortAのみ
FIRE	内蔵	2インチ	液晶	カラーLED 10個	スピーカー	物理ボタン3個	PortA, PortB, PortC
M5GO	内蔵	2インチ	液晶	カラーLED 10個	スピーカー	物理ボタン3個	PortA, PortB, PortC
CORE2	内蔵	2インチ	液晶	緑LED 1個	スピーカー	仮想ボタン3個	PortAのみ
CORE2 for AWS	内蔵	2インチ	液晶	緑LED 1個	スピーカー	仮想ボタン3個	PortA, PortB, PortC
M5StickC	内蔵	0.96インチ	液晶	赤LED 1個	-	物理ボタン2個	万能型のみ
M5StickC Plus	内蔵	1.14インチ	液晶	赤LED 1個	ブザー	物理ボタン2個	万能型のみ
ATOM Lite	-	-	-	カラーLED 1個	-	物理ボタン2個	万能型のみ
ATOM Matrix	-	-	-	カラーLED 25個	-	物理ボタン2個	万能型のみ
STAMP Pico	-	-	-	カラーLED 1個	-	物理ボタン1個	万能型のみ
CoreInk	内蔵	2.4インチ	電子ペーパー	緑LED 1個	ブザー	多機能ボタン他	万能型のみ
M5Paper	内蔵	4.7インチ	電子ペーパー	-	-	多機能ボタン	PortA, PortB, PortC

■ M5Stack系

M5Stack系のボードは全部で6種類あります。BASICとGRAY、FIREとGOは色と内部の機能などに違いがありますが、外見は色のみの違いとなります。また、基本となるボードに拡張ユニット用のポートを追加したボードがあります。

系統	基本ボード	ポート追加ボード
Core系(物理ボタン)	BASIC / GRAY	FIRE / GO
Core2系(タッチパネル)	Core2	Core2 for AWS

BASICとGRAYにポートを追加したボードがFIREとGO、Core2に追加したボードがCore2 for AWSになります。外見的には4種類に分類することができます。

Core系のボードは3つのボタンが画面下にあります。Core2系のボードはタッチパネルに変更され、物理ボタンはありませんが同じ場所に○で印刷されている仮想ボタンが配置されています。

電源ボタンは左側面にあり、Core系では赤いボタンが電源ボタンとリセットボタンになります。電源オフの場合に押すと起動し、もう一度押すとリセットされます。電源を切る場合にはUSBケーブルを抜いてから素早く2度押す必要があります。USBケーブルを刺したままでは電源オフにできないので注意してください。

Core2系では一体成型のボタンに変更されて、リセットボタンは別のボタンが用意されています。電源オフの場合に押すと起動し、6秒以上押していると電源オフになります。Core系と操作が違うので注意してください。

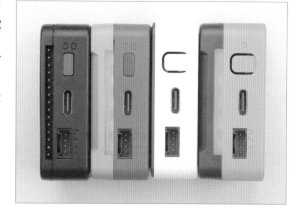

電源ボタン以外にUSBケーブルを接続する端子と、赤いI2C用の拡張ユニットのポートがあります。BASICとGRAYにはピンソケットと呼ばれる拡張用の端子があります。この端子に自分でセンサーなどを接続することで制御することもできます。この端子が使えない変わりにFIREやCore2 for AWSでは厚みのある背面になっており、拡張ユニットのポートを増設してあります。

Chapter 1
Chapter 2
Chapter 3
Chapter 4
Chapter 5
Chapter 6

下側面にはマイクロSDカードのスロットと、
Core2系ではリセットボタンがあります。

右側面はスピーカー用の穴と、厚みのある背面
のFIREとCore2 for AWSなどにはフルカラー
LEDバーが搭載されています。

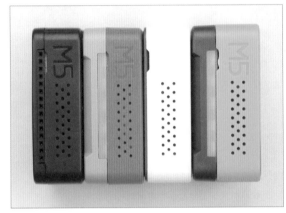

上側面には追加された拡張ユニットのポートがあ
ります。黒い方がPortB、青い方がPortCになり
ます。拡張ユニットと同じ色のポート同士を接続
するようにします。ポートが増設されていないボ
ードでは赤いPortAしかありませんので、拡張ユ
ニットも赤いポートのものしか使えないので注意
してください。

裏側ですが、厚みのある背面のボードはマグネットで電源を供給するための端子と、ブロックなどと接続するための穴などが空いています。

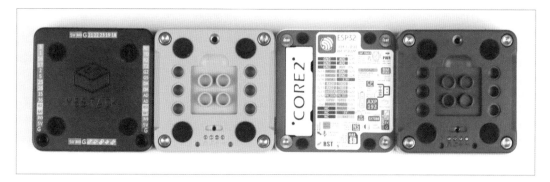

■ M5StickC系

M5StickCとM5StickCは本体の色と液晶の大きさが違う以外に違いはありません。液晶の下にあるボタンが1つ目のボタンAになります。

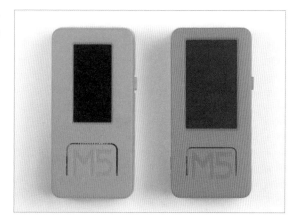

左側面に電源ボタンがあります。電源オフの状態から押すと起動し、UIFlowの場合はもう一度押すとリセットします。また、6秒以上押していると電源オフになります。

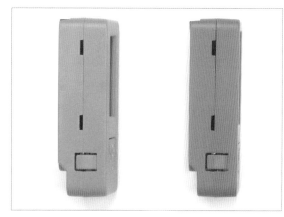

Chapter 1
Chapter 2
Chapter 3
Chapter 4
Chapter 5
Chapter 6

裏面には説明と、固定用のネジ穴があります。

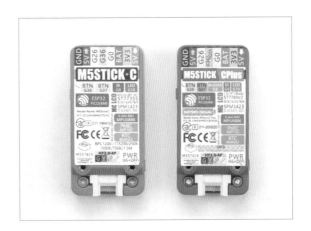

右側面には2つ目であるボタンBがあります。ボタンの上下にある小さい穴は腕時計などのマウンタを固定するための穴になります。

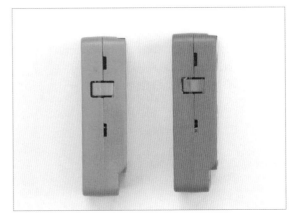

上側面には拡張用のピンソケットと、赤外線リモコンの送信部があります。UIFlowでも赤外線リモコンを使うことができますが、一般的な機器を制御することは現時点ではできませんので注意してください。

下側面にはUSBケーブルを接続する端子と、拡張
ユニット用のポートがあります。M5StickC系の
ポートは1つしかないのですが、どの色のユニッ
トも接続可能な汎用型になります。

◻ ATOM系

ATOMにはカラーLEDが1つのLite、25個の
Matrix、スピーカーとマイクを内蔵したEchoの
3種類があります。EchoはUIFlowを利用できな
いので注意してください。
ボードの種類がわかりやすいように裏側から紹介
しますが、拡張用のピンソケットがあります。

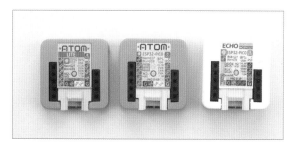

正面ですが、ボタンが1つ搭載されています。
MatrixのボタンはわかりにくいのですがLED全
体を押し込むことでボタンとして動きます。下側
面にはUSBケーブルを接続する端子の他に、万能
型の拡張ユニット用のポートがあります。

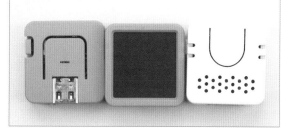

左側面にはリセットボタンがあります。バッテリ
ーを内蔵していないATOM系では電源ボタンがな
く、USBケーブルなどで外部電源が接続されると
自動的に起動します。そして外部電源が接続され
ると電源オフにはできません。

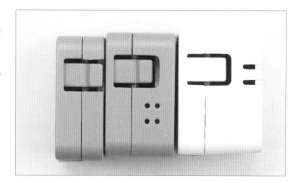

Chapter 1

Chapter 2

Chapter 3

Chapter 4

Chapter 5

Chapter 6

M5Stamp

M5Stamp Picoは正面にボタンが1つあります。万能型の拡張ユニット用の端子や、側面にピンソケットの端子がありますが、自分ではんだ付けをする必要があります。また、電源ボタンやリセットボタンは搭載していません。

電子ペーパー系

正面には電子ペーパーの画面だけになります。

裏側には説明と、リセットボタンがあります。電子ペーパー系の電源はたいへんわかりにくく、USBケーブルなどを接続しているときには電源オフにはできません。電子ペーパーのため電源をオフにしても画面には最後の状態が表示されたままになっています。

CoreInkは上下と押し込みができる多機能ボタン、上側面と右側面に2つのボタンもあります。上側面はM5StickCと同じピンソケットがあり、裏面にも独自のピンソケットがあります。

M5Paperは上下と押し込みができる多機能ボタンと、マイクロSDのスロットがあります。また拡

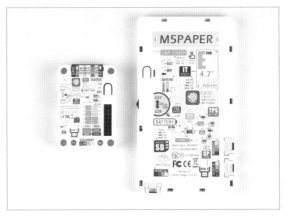

張ユニットのポートが3つともありますが、本体が薄型のためポートに色がついていないので気をつけてください。外部電源が接続されると自動起動して電源オンになります。その状態で背面のボタンはリセットボタンとして動作します。外部電源を外すと内部バッテリーで動作し、背面のボタンを押すと電源が切れます。電源オフの場合にCoreInkは右側面下のボタン、M5Paperは右側面の多機能ボタンを押し込むことでバッテリーを使い電源オンになります。

5-2　起動モード

次の章でUIFlowのはじめかたを解説しますが、ボードによって起動直後の画面が違うので注意してください。一度起動モードを変更すると次回以降もそのモードで起動するようになります。

UIFlowにはブラウザからプログラムを行うInternetモード、ボード内部に保存したプログラムを動かすAppモード、USBケーブルで接続したDesktop版UIFlowからプログラムを動かすUSBモードがあります。

ブラウザを利用したUIFlowでプログラムを行う場合にはInternetモードで起動する必要があります。ブラウザからの操作でボードにプログラムを保存して動かすAppモードになってしまい、元に戻る方法がわからなくなることが多いので注意してください。

M5Stack Core系のボードはUIFlowはボードの機能紹介のアプリが立ち上がります。ボードの機能を確認するのにはわかいやすいアプリなのですが、このアプリからプログラムができるモードに戻るのが非常に難しいです。リセットボタンを押して起動途中の画面で真ん中のボタンBを押すことでプログラムが可能なモードが選択できます。

M5Stack Core2系は選択画面が表示されます。タッチパネルでFlowをタッチして、その後にWi-Fiをタッチすることでプログラムが可能なモードが選択できます。

M5StickC系とATOM系、電子ペーパーのCoreInkはそのままプログラム可能なモードで起動しますのでわかりやすいです。電子ペーパーのM5PaperはCore2系のように起動時にモード選択画面で起動します。

5-3　モード変更

ボードにより操作が異なるので、次の章で紹介するM5Burnerの**Configuration**ボタンから変更するのをおすすめしますが、ボード本体の操作でも変更することができます。

電源をいれた場合やリセットをした場合に一瞬メニューが出ますので、その瞬間にボタンを押すことで設定画面に入ることができるボードが多いです。M5StickC系の場合はタイミングが難しいのでボタンを押したまま起動させるのが確実です。

真ん中にあるボタンAを押したまま、左にある電源ボタンを押すと電源オフの場合にはオンになり、電源オンの場合にはリセットされ再起動され右記の画面が表示されます。

この画面で真ん中にあるボタンAを押すとInternetモードに戻ることができます。

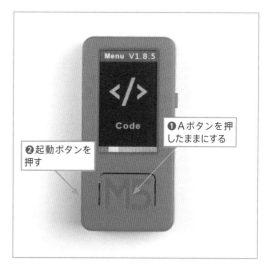

❶Aボタンを押したままにする

❷起動ボタンを押す

プログラムの勉強方法

プログラムを勉強するには読むか、書くの2種類の勉強方法があります。読むは書籍や他の人の書いたプログラムを読むことです。ゆっくりと全部を把握しながら読む精読と、とにかくたくさん読む多読があります。勉強の初期では多読をおすすめします。書籍にも誤りはありますし、考え方の差もあります。いろいろな情報に触れてみることが良いと思います。図書館などを活用して、とにかくたくさん読んでみてから、気に入ったものを精読するのがおすすめです。

書くことの勉強は難しく、小説などの文章と同じでたくさん書けば作家のような文章が自然と書けるようになるわけではありません。書いたプログラムを添削してもらうのが一番いいのですが、正しく添削できる人も少ないです。

小説などの場合、作家が「執筆」を担当し、編集者が「編集」を行って整理し、さらに「校正・校閲」により誤りなどをなおします。このように専門職として分業化されていますが、プログラムの場合にはプログラマ同士で内容の確認をすることが多いです。添削能力が高い人はプログラム能力も高い人の場合が多く、プログラマとして働いている場合がほとんどで、教育分野にはそれほど多くないのが実情です。

また、漠然とプログラムを勉強するよりは目標があったほうが好ましいと思います。最近だと競技プログラミングという分野があり、課題に対してプログラムを行い制限時間内で完成させたり、実行したときの速度や結果により採点されます。いろいろな競技プログラミングのサイトがありますが、難易度が低いものから高いものまで準備されており、無料で参加できるものが多いです。また、競技プログラミング向けの学習サイトなども充実していますので、興味があれば探してみてください。

ここまでプログラム自体の勉強方法を紹介しましたが、基礎力をあげるためには母国語の強化が本当は必要です。外国語学習でも、母国語を超えて使えるようには決してなりません。プログラムも同じで母国語の能力が高くないと勉強しても伸びにくいことが多いです。時間がかかるのですが、プログラムの勉強と並行していろいろなジャンルの本を読んだり、映画をみたりすることは非常に重要です。

最後に、どのような本を読むとよいのかをかんたんに紹介したいと思います。プログラム言語により異なるのですが、比較的新しい本が多いPythonを題材にしたいと思います。

入門Python 3 第2版（https://www.amazon.co.jp/dp/4873119324）
各プログラム言語で一番信頼されている教科書的な本は、オライリー社が発行しているものであることが多いです。オライリー社よりPython関連で複数出版されていますが、現時点では上記が一番新しい入門書となります。ただし、オライリー社の本は入門と書いてあっても非常に難しいです。この本を理解するためには、さらに複数の本を読む必要があると思います。この段階ではとにかく数を読むほうが重要で、内容を理解するよりはどの本にどんなことが書いてあったのかを確認するぐらいで構いません。困ったときに確認する手段を確保するための読書となります。

エキスパートPythonプログラミング 改訂3版（https://www.amazon.co.jp/dp/4048930842/）
独学プログラマー Python言語の基本から仕事のやり方まで（https://www.amazon.co.jp/dp/4822292274/）
上記2冊は、入門を超えて実際のプログラムをする上で知っていたほうがよいことが書いてある本になります。プログラム言語的な記述は少ないのですが、開発の手順や複数人でプログラムをする上での手法などを学ぶことができます。この本の通りに開発をする必要はありませんが、開発をして困ったときや興味がある分野について調べるための足がかりになります。

Effective Python 第2版（https://www.amazon.co.jp/dp/4873119170/）
最後にエキスパート向けの書籍の紹介です。各プログラム言語でもEffectiveとついている書籍は上級者向けになります。とはいえ、この本はかなり難しいですので実践などのキーワードがある書籍を先に読んでみることがよいと思います。

プログラミングの環境を作ろう

UIFlowを使ってプログラムを作るためには、対応ボードにUIFlowのファームウェアをパソコンを使って転送しておく必要があります。また、ブラウザ経由でプログラムを実行するためには、ボードをインターネットに接続する必要があり、Wi-Fiアクセスポイントなども必要になります。

UIFlowをはじめるのに
必要なもの

最低限必要なものの選び方と、あったほうが便利なものを紹介しています。利用する
ボードや拡張ユニットは選び方が難しいので、推奨の物を使うか本書の中身を流し読
みしてから選んでみてください。対応ボードや拡張ユニットは新製品が次々と発売され
ていますので公式サイト（https://m5stack.com/）の情報も参考にしてください。

1-1　パソコンもしくはタブレット

最初にUIFlowを利用できるようにするためにパソコンが必要になります。Windows10(64ビット)もしくは
macOSを搭載したパソコンをおすすめします。Linuxを搭載したパソコンでも動作は可能ですが、非常に上級
者向きになります。
初期設定が完了した後は、ブラウザの使える画面が大きめのタブレットなどでも構いませんが、最初にパソコン
が必要になるので注意してください。

1-2　Wi-Fiアクセスポイント

UIFlowはインターネット経由でプログラムを転送するため、ボードをWi-Fiアクセスポイントに接続する必要
があります。Wi-FiアクセスポイントのIDとパスワードなどの認証情報も必要になりますのであらかじめ準備し
ておきます。
USBケーブルで接続して利用するUIFlow Desktopもありますが、使えるUIFlowのバージョンが古いなどの
問題があるので、本書では取り扱いません。
またUIFlowでは2.4GHzの周波数帯しか対応していないので気をつけてください。

1-3　M5Stack社のUIFlow対応ボード

M5StickC Plus (https://www.switch-science.com/catalog/6470/)
※リンク先の情報は2022年3月段階のものです。

いろいろなボードがありますが、上記のM5StickC Plusが比較的安価でいろいろな機能が使えるのでおすすめ
です。**本書ではこのボードを使って紹介していきます**が、他のボードでも構いません。

1-4　USBケーブル(100円ショップなどで購入)

M5StickC Plusにはパソコンなどと接続するUSBケーブルが付属していません。充電する場合にも利用するので別途準備する必要があります。ボードによっては本体に付属している場合もありますのでご注意ください。
M5Stack社のボードはすべてUSB Type-Cという端子を利用しています。そのため他の本体に付属しているケーブルはパソコン側が四角い普通のUSB Type-A端子で、ボード側が長丸のUSB Type-Cケーブルとなります。
パソコン側の端子は比較的大きいパソコンの場合にはType-Aが搭載されていることが多いですが、小型パソコンの場合にはType-Cしか搭載されていない場合が多いです。使うパソコンに合わせてケーブルを購入してください。
ケーブル自体は100円ショップなどにもおいてあるので、データ通信ができるタイプの通信ケーブルを選んで購入してみてください。

1-5　拡張ユニット

ボード本体のみでも十分楽しむことができるので最初は拡張ユニットは必要ありませんが、気になったものがあったら最初に安いものを何個か購入しておくのもよいと思います。
拡張ユニットはボードに専用ケーブルで接続し、機能を追加することができます。これまでははんだ付けなどが必要な拡張が多かったのですが、M5Stack社の拡張ユニットは基板がむき出しではなく、ケースに入っているのも特徴となります。また、単にユニットと表記されることが多いです。

いくつか有名なものを紹介します。

環境センサユニット (ENV III)
https://www.switch-science.com/catalog/7254/
※リンク先の情報は2022年3月段階のものです。

温度、湿度、気圧を測定できる環境センサーです。定番のセンサーですが動きがないので、比較的大人向けの渋めのセンサーとなります。

PIRセンサユニット (PIR)
https://www.switch-science.com/catalog/5697/
※リンク先の情報は2022年3月段階のものです。

人感センサーと呼ばれる、物が近くで動くと反応するセンサーです。近くに人が来ると光ったり、音を鳴らしたりと使いやすいセンサーになります。ただし距離はわからず、近くで動いたのを感知するのみとなります。

回転角ユニット（ANGLE）

https://www.switch-science.com/catalog/6551/
※リンク先の情報は2022年3月段階のものです。

つまみのあるボリュームのユニットで、明るさや速さなどを微調整する
ときに便利なユニットです。

Servo Kit 180' （SERVO）

https://www.switch-science.com/catalog/6478/
※リンク先の情報は2022年3月段階のものです。

スピードメーターのように指定した角度で回転することができるモータ
ーです。180度のものと360度のものがあるので注意してください。
180と360は回転できる角度を表しており、180度のものは半円しか回
転することができません。そのためぐるぐる回る用途には使えませんが、
指定した角度に合わせて止めることができます。スイッチを入れたり、
軽いものを動かしたりもすることができます。
360度のものはぐるぐると回転できますが、指定した位置に止めることはできません。回転方向と速度を制御し
ます。
一般的には180度のものを使うことが多いですが、用途によっては360度のサーボモーターが必要となります。

Chapter 1
Chapter 2
Chapter 3
Chapter 4
Chapter 5
Chapter 6

Chapter 3

UIFlowの初期設定

UIFlowは最初に対象ボードにUIFlowのファームウェアを入れる必要があります。一部最初から入っているボードもありますが、古いバージョンが入っていることが多いので、最新版を入れ直すことをおすすめします。

2-1 M5Burnerのインストール

☐ **ダウンロードのページを開く**

M5Stack社のボードの場合、いろいろなアプリケーションのファームウェアを転送するためのツールが準備されています。UIFlowもこのM5Burnerを利用してボードに転送することができます。

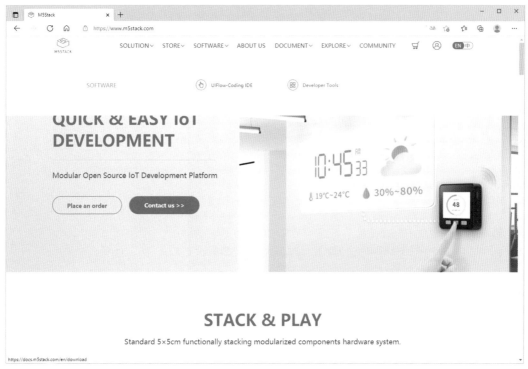

https://m5stack.com/

M5Stack社のホームページよりダウンロードします。ホームページのデザインはよく変わりますので注意してください。SOFTWAREの中のDeveloper Toolsを開くことでM5Burnerをダウンロードできるページが開きます。

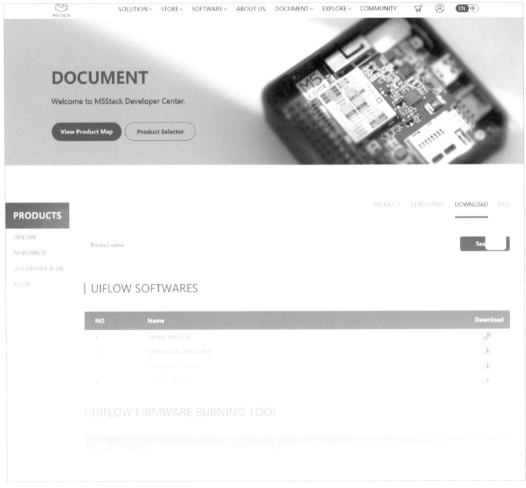

https://docs.m5stack.com/en/download

M5Burnerをダウンロードする
UIFLOW FIRMWARE BURNING TOOLにあるものがM5Burnerです。

名前	備考
M5Burner Win10 x64	Windows10以外のバージョンや32bit版では動かない
M5Burner MacOS	Intelチップ搭載とM1チップ搭載の両方で動作可能
M5Burner Linux	x86パッケージのみでARMプロセッサなどでは動かない

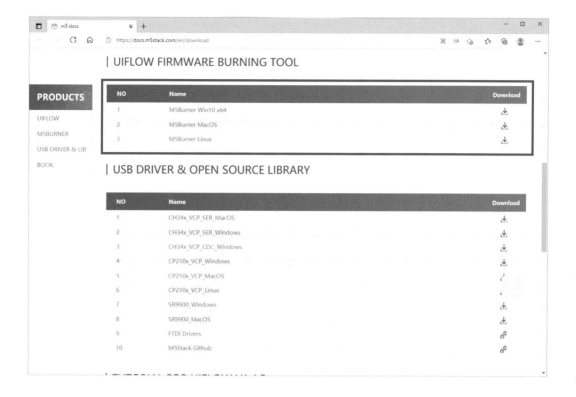

全部で3種類ありますので、利用するパソコンに適しているものをダウンロードします。

■ M5Burnerのインストール方法

Windowsの場合

ZIP形式で圧縮されていますので、展開をすることで実行が可能です。

圧縮フォルダツールを選択すると、すべて展開のボタンがあるので実行します。

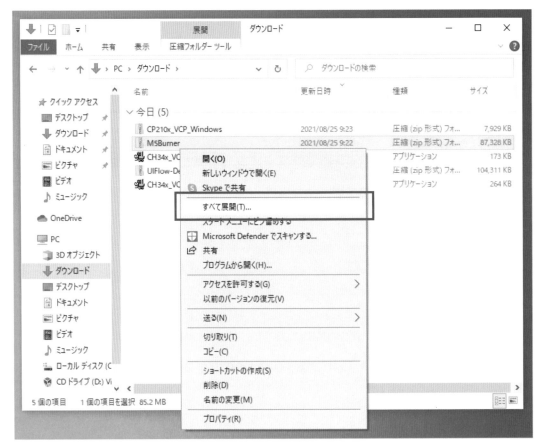

右クリックからすべて展開でも同
じ動きとなります。

展開先を聞かれますので、次へで適
当な場所に展開します。

展開した**M5Burner**の実行ファイル
をダブルクリックして実行します。

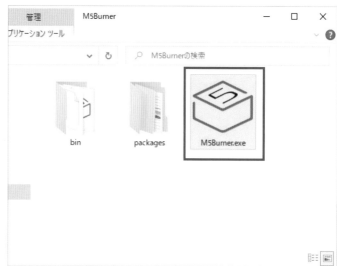

環境によっては**.NET Framework
3.5**が必要になりますので、こちらも
インストールします。

Chapter 1

Chapter 2

Chapter 3

Chapter 4

Chapter 5

Chapter 6

無事インストールができれば
M5Burnerが起動するはずです。
起動しない場合にはWindows10の
32ビット版の可能性があります。他
のパソコンで試してみてください。

macOSの場合
あらかじめ**システム環境設定**の**セキュリティとプライ**
バシーの中にある**ダウンロードしたアプリケーション**
の実行許可を**App Store**から**App Storeと確認済**
みの開発者からのアプリケーションを許可に変更する
必要があります。

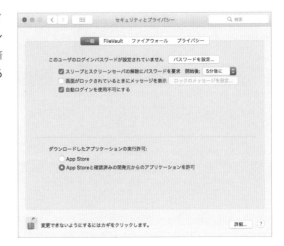

その後ダウンロードした**M5Burner**
をアプリケーションの中に入れること
でインストールすることができます。

Linuxの場合

ZIP形式で圧縮されていますので、展開をすることで実行が可能です。

```
# Ubuntu 21.04
sudo apt update
sudo apt upgrade
sudo adduser $USER dialout
# logout & login
sudo apt install python
sudo apt install python3-pip
pip install pyserial
wget https://static-cdn.m5stack.com/resource/software/M5Burner_Linux.zip
unzip M5Burner_Linux.zip
./M5Burner
```

環境により異なりますが、Ubuntu 21.04では上記のコマンドで動作しました。M5Burnerで利用するpyserial を事前に入れておく必要があります。上記のコマンドが理解できない場合にはLinux環境での実行は不具合が多 いので、他のパソコンを利用してください。

2-2　USBシリアルドライバの確認

M5Stackのボードをパソコンに接続する場合に、USBシリアルのドライバが必要になることがあります。環境 によっては最初から入っていることがあるので、まずはボードを接続する前に確認します。

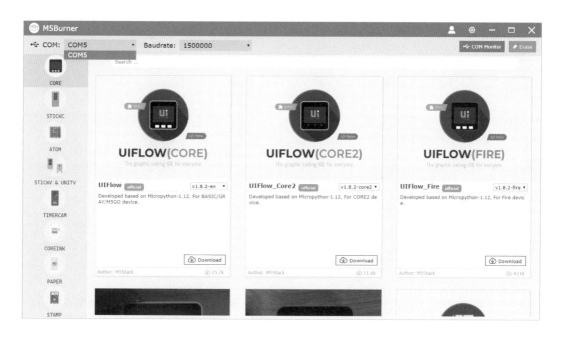

M5Burnerを起動すると、左上にCOMと書かれた場所があります。上記ではCOM5が1つだけ表示されています。環境により何も表示されていない場合もあります。
この状態でボードをUSBケーブルを利用してパソコンに接続してみてください。

上記はCOM3が増えました。ボードをUSBケーブルで接続して、COMが増える場合にはUSBシリアルのドライバが既に入っています。増えるCOMの名前は環境により異なるので注意してください。
多くの場合は増えないと思いますので、USBシリアルドライバを入れる必要があります。

2-3 USBシリアルドライバのインストール

M5Stack社のボードは2種類のUSBシリアルが搭載されており、利用するボードによって必要なUSBシリアルドライバの種類が異なります。

ボード	ドライバ
M5Stack系（BASIC, GRAY, FIRE, GO, Core2, Core2 for AWS）	CP210x_VCPもしくはCH9102_VCP
電子ペーパー系（CoreInk, M5Paper）	CP210x_VCPもしくはCH9102_VCP
M5Stamp系（Pico用書き込み機）	CP210x_VCPもしくはCH9102_VCP
M5StickC系（M5StickC, M5StickC Plus）	FTDI Drivers
ATOM系（ATOM Lite, ATOM Matrix）	FTDI Drivers

大型のものはCP210x_VCPか、比較的新しいボードではCH9102_VCPが多く、小型のものはFTDI Driversを使います。またArduino IDEなどのUSBシリアルドライバを利用するアプリケーションをインストールしてあるときには、すでにドライバが入っている場合があります。

◾ CP210x_VCPもしくはCH9102_VCPの場合

USB DRIVER & OPEN SOURCE LIBRARYから環境にあわせてCP210x_VCP_Windows、CP210x_VCP_MacOS、CP210x_VCP_Linux、CH9102_VCP_SER_Windows、CH9102_VCP_SER_MacOSをインストールします（CH9102はLinuxではドライバが通常必要ありません）。

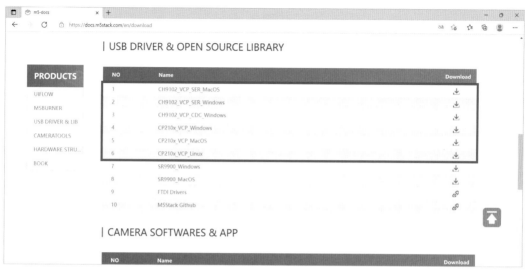

https://docs.m5stack.com/en/download

◾ FTDI Driversの場合

USB DRIVER & OPEN SOURCE LIBRARYからFTDI Driversのリンクを開き、ダウンロードのページを開きます。

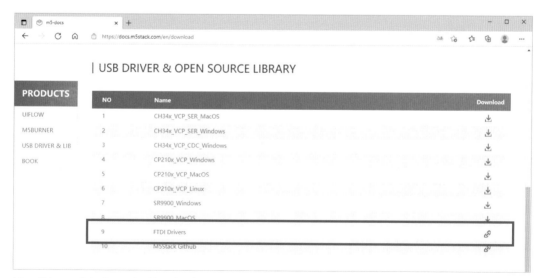

https://docs.m5stack.com/en/download

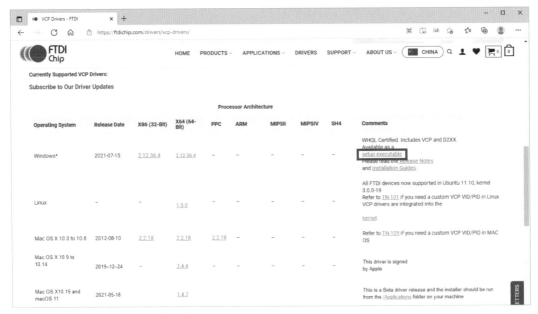

https://ftdichip.com/drivers/vcp-drivers/

Currently Supported VCP Drivers: より環境にあわせてインストールします。

Windowsの場合には2種類ありますが、一番右のコメント欄にある**setup executable**のファイルを使うのがおすすめです。

Linuxの場合には通常最初から入っていることが多いため、ドライバが必要になることは少ないはずです。

macOSの場合には利用しているOSのバージョンにより、インストールするドライバが違いますので注意してください。

2-4 　M5Burnerの説明

☐ COM(シリアルポート)

シリアルポートの選択をします。どのシリアルポートが対象のボードかを確認してから選択してください。間違ったシリアルポートに書き込まないようにしましょう。

☐ Baudrate(書き込み速度)

ボードに書き込む速度を選択します。通常はデフォルト値のままで問題ありませんが、書き込みエラーが発生する場合などは一段回小さい数値を選択してみてください。

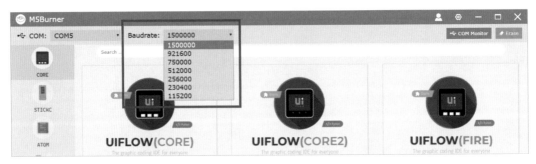

https://ftdichip.com/drivers/vcp-drivers/

COM Monitor(シリアルモニタ)

シリアル出力するブロックを使って、M5Burnerに文字列を送信することができます。また、接続している状態でM5StickC Plusの場合は左側にある電源ボタンを押してリセットをするか、電源ボタンを6秒以上押してオフにし、再度押してオンにするとUIFlowのロゴと**ApiKey**が表示されます。

POINT

APIKey
APIKeyはM5Stack、またはM5Stick個々に割り振られたユニークキーとなっており、他の端末と数値が同じになることはありません。ただし、APIKeyは後から変更することもできます。

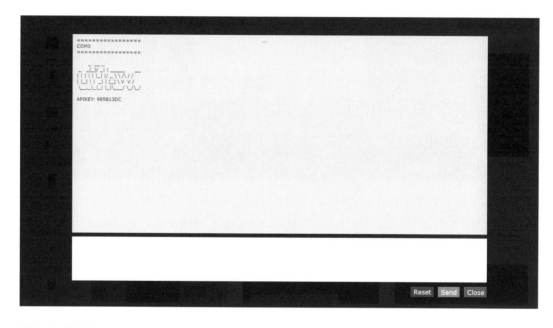

Erase(削除)

ボードの中身をすべて消します。調子が悪くなったボードを初期化する場合や、人に譲る場合には削除することをおすすめします。また、UIFlowで利用するApiKeyを別のものに変更する場合にも利用します。

☐ 人間のマーク

M5Stackのサイトにログインをすることができます。ログインをすることでボードをログインしたユーザーに紐付けることができますが、現状のところあまり利点がないのでログインしない場合が多いです。

☐ 設定のマーク

見た目の変更とフラッシュの設定、バージョンが表示されています。通常変更する必要はありませんが、M5Burnerのバージョンが上がった場合には、ここからバージョンアップすることができます。

設定のマークに赤い点がついている場合には、新しいバージョンがあるお知らせになります。その場合には設定のマークの中にあるバージョンアップを実行してください。

■ 左メニュー

ボードの種類を選択します。左のアイコンを選択することで、対象のボード用のアプリケーションのみ表示されます。新製品が出るたびに種類が増えていくことになります。

■ アプリケーション

緑色のofficialのマークがあるものがM5Stack社の提供するアプリケーションです。その左にアプリケーション名が書いてあります。UIFlowの場合にはボード別に複数種類あるので注意してください。

また、vからはじまる数字はバージョン番号になります。通常は最新版が選択されていますので、そのままで問題ありません。

Downloadボタンを押すとアプリケーションをダウンロードすることができます。

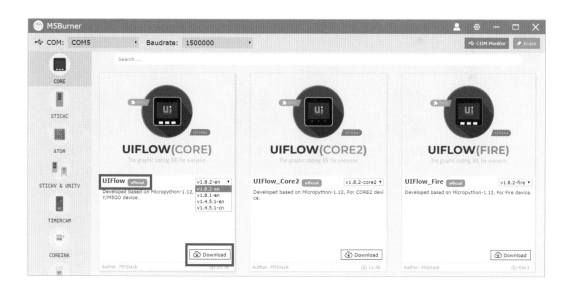

ダウンロードが終わると、ボードに転送する**Burn**ボタンに変わります。**Remove**はダウンロードしたファイルを削除する機能で、**Configration**はUIFlowの設定をするボタンになります。

2-5 M5BurnerでボードにUIFlowを転送する

M5StickC PlusにUIFlowを転送する手順を説明します。

☐ シリアルポートの確認

M5Burnerを起動して、まずボードが接続されていたらUSBケーブルを取り外してください。M5Burnerの左上にあるCOMの場所がボードとの接続に使うシリアルポートになります。複数のボードをUSBケーブルで接続した場合には複数追加されると思います。画像は1つも接続していない状態になります。パソコンによっては最初からシリアルポートが認識している場合があるので確認しておきます。

この状態でボードを接続してみます。

先程までCOMの中が空でしたが、COM3が追加されています。追加されるシリアルポートの名前はパソコンによって異なるのでボードに対応するシリアルポートの名前を覚えておいてください。

もう1台ボードを接続してみました。COM3の他にCOM5が増えています。このように増えたシリアルポートがその時接続したボードに対応しています。

Linuxの場合には右上にある**COM Monitor**を開いてみてください。下図のように許可がありませんと表示される場合にはパーミッションの設定がされていないか、dialoutグループに属していないか、ログインし直していない場合になります。
※Linuxでの利用はこのように複雑なので、あまりおすすめしていません。

■ M5StickC PlusのUIFlowダウンロード
左のメニューからSTICKCを選択し、UIFlow_StickC_PlusのDownloadボタンを押してダウンロードします。

※M5StickC Plusを使っている場合で解説しています。

執筆時には9種類のUIFlowアプリケーションがあり、下記は対応するボードとの対応表になります。
M5StickCとM5StickC Plusは違うアプリケーションを転送する必要があるので注意してください。

種類	UIFlowアプリケーション名	対応するボード
CORE	UIFlow	BASIC, GRAY, GO
CORE	UIFlow_Core2	Core2, Core2 for AWS
CORE	UIFlow_Fire	FIRE
STICKC	UIFlow_StickC	M5StickC
STICKC	UIFlow_StickC_Plus	M5StickC Plus
ATOM	UIFlow_Matrix	ATOM Matrix
ATOM	UIFlow_Lite	ATOM Lite
COREINK	UIFlow	Corelnk
PAPER	UIFlow	M5Paper
STAMP	UIFlow_PICO	M5Stamp PICO

■ **Wi-Fiアクセスポイントの設定**

シリアルポートを選択し、**Burn**ボタンを押すとボードに設定するWi-Fiアクセスポイントの設定画面が表示されます。利用することが可能なWi-FiアクセスポイントのSSIDとパスワードをここで設定します。またWi-Fiアクセスポイントは2.4GHzのものしか利用できないので、5GHzのSSIDは指定しないでください。

Chapter 1

Chapter 2

Chapter 3

Chapter 4

Chapter 5

Chapter 6

☐ 転送

Wi-Fiアクセスポイントの設定が終わると転送がはじまります。パーセント表示が表示されて、画面が更新されている場合には転送に成功しています。最後に**Burn Successfully**が表示されれば完了です。

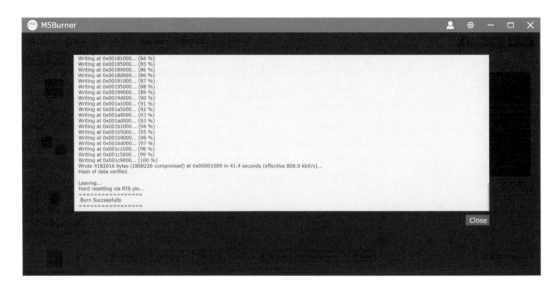

下図のように「.」や「_」が画面に表示されている場合は転送が開始できていません。最後に**Burn Failed**と転送に失敗したと表示されました。これはシリアルポートの指定が間違っている場合に表示されることが多いです。USBケーブルをパソコンから取り外し、再度シリアルポートの確認から作業しなおしてみてください。
転送が完了するとM5StickC PlusにUIFlowの画面が表示されていると思います。

設定の確認

Configurationボタンを押すと、UIFlowの設定を確認することができます。一番上のApiKeyが一番重要な情報で、このApiKeyを利用してボードを操作しています。

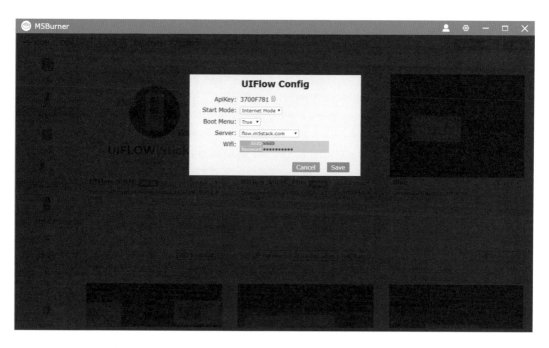

ApiKeyの右側にコピーボタンがありますので、このボタンを押すとクリップボードにApiKeyがコピーされます。手で入力することもできますが、8文字もありますのでコピーしたほうが楽です。

また、このApiKeyは公開すべきではないパスワードに近い情報になります。このApiKeyを知っていると他の人のボードも操作できてしまいます。もし間違って公開してしまった場合にはボードを「Erase」して再度転送することで他のApiKeyに変更することができます。ただし、M5Stamp PicoはApiKeyが固定のため変更することはできません。

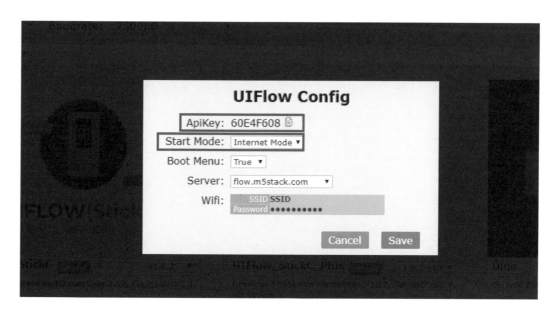

Start Modeは起動した直後のモードを指定します。

Internet Mode	インターネット上のUIFlowからプログラムするモード
USB Mode	Desktop版のUIFlowアプリからUSBケーブル経由でプログラムするモード
App Mode	ボードの中に保存してあるプログラムから起動するモード

M5StickC PlusはInternet Modeがデフォルトになっています。M5Stack系のボードはApp Modeから起動して、本体の機能を確認するプログラムが起動するようになっています。また、UIFlow上からボードにプログラムを保存する操作をするとApp Modeに変更になります。

特定のボタンを押したまま電源オンをするとボード上で変更することも可能ですが、変更の仕方がボードごとに違いますので、おかしくなったらこのメニューからInternet Modeにするのがおすすめです。M5Stack系などはApp Modeが初期値のため、本体操作のみでInternet Modeにするのが難しいです。

Boot Menuは起動画面を表示するかを選択します。通常はTrueのままで問題ありません。Serverは2種類ありますが、シンガポール(sg.flow.m5stack.com)は中国本土の人向けですのでデフォルト (flow.m5stack.com) のままで問題ありません。

Wifiの項目でもWi-FiアクセスポイントのSSIDとパスワードを設定可能です。

Chapter 1

Chapter 2

Chapter 3

Chapter 4

Chapter 5

Chapter 6

Chapter 3

UIFlowを触ってみよう

それでは実際にブラウザを使ってUIFlowのプログラムをしていきたいと思います。UIflowのファームウェアを転送するなど環境を作るためにはパソコンが必要でしたが、プログラムはブラウザだけあれば動かすことができます。ただしなるべくブラウザの画面が大きい方が使いやすいです。

3-1 UIFlowのページを開こう

M5Stackのホームページの上メニューにある**SOFTWARE**＞**UIFlow-Coding IDE**を選択します。

https://m5stack.com/

Get Started for FREEのリンクを開くとUIFlowのページが開きます。直接UIFlowのURL（https://flow. m5stack.com/）を開いても問題ありません。

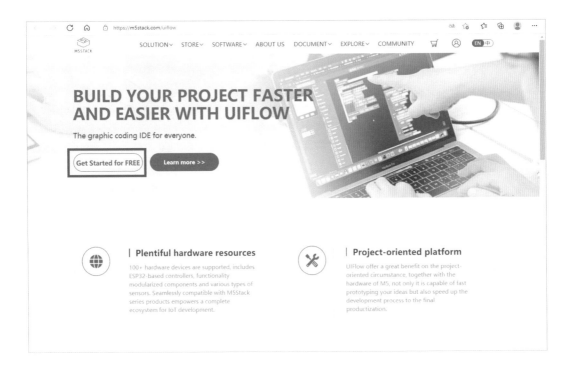

3-2 UIFlowの設定

ApiKeyはM5StickC Plusの画面上に表示されているものか、先程のConfigurationでコピーしたものを入力します。また言語が英語になっていますので、Languageを日本語に変更します。Deviceで利用するボードを選択します。今回はM5StickC Plusなので縦長で濃い方のオレンジ色のボードを選択します。

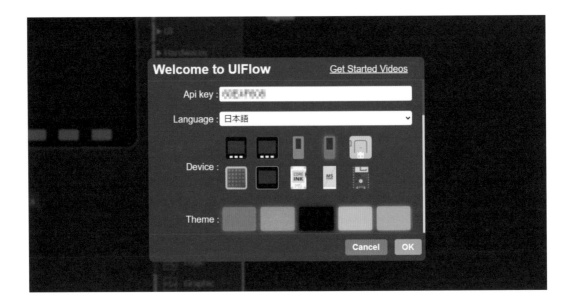

入力が完了したら以下のような画面になります。

それ以下の項目にはM5Burnerのダウンロードリンクや、少し内容が古いですがユーザーズマニュアルの他、動画での使い方説明があります。

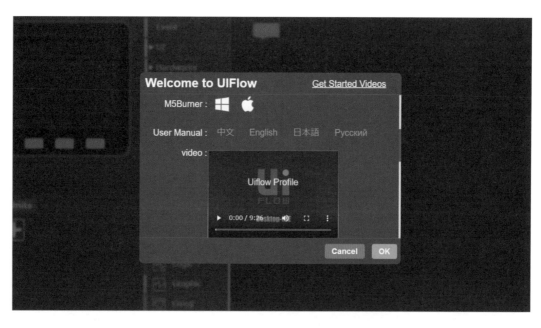

UIFlowの設定画面でOKを押すと、UIFlowのプログラムの画面に切り替わります。

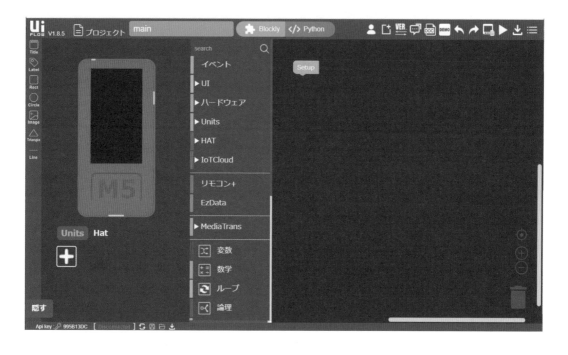

Chapter 1
Chapter 2
Chapter 3
Chapter 4
Chapter 5
Chapter 6

UIFlow画面の説明

■ 画面解説

一番上のバーにはメニュー的な要素があり、一番下のバーには上のメニューバーのショートカット的なボタンが並んでいます。真ん中にはボードの画面に表示するオブジェクトの設定、ボードの実際の画面、配置するブロックのバー、実際のプログラム画面に分割されています。

■ 上部メニューバー解説

V1.8.3が利用しているUIFlowのバージョンです。定期的に更新されていますので、ボードに転送したUIFlowより新しいバージョンが登場した場合には、ボードに最新バージョンを転送しなおしてください。

mainとある場所がプログラムの名前です。プログラムを保存する場合などにこの名前で保存されます。

Blocklyと**Python**のボタンはブロックでのビジュアルプログラミングを行うか、Pythonでのテキストベースのプログラミングを行うのかを選択します。通常は**Blockly**のみを利用してください。

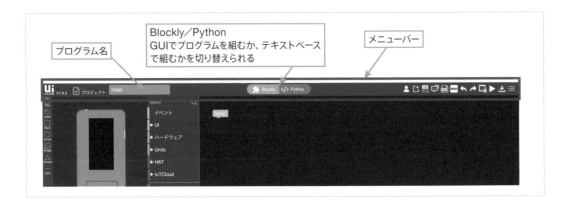

■はアカウントで、ログインすることで登録したボードと関連付けることができます。M5Burnerでログインしてから書き込んだボードには、UIFlowでもログインしないと接続できないので注意してください。
■は新しいファイルを開くボタンです。プログラムした内容がすべてなくなって新しいファイルを開くので注意してください。

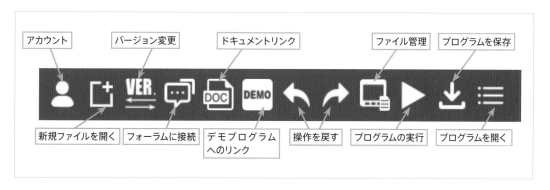

■はバージョンを変更するためのものです。最新版と古いバージョンが選べますが、古いバージョンはものすごく昔のものですので通常は最新のベータ版(開発途中の最新版)を利用します。
■はM5Stackの運営している掲示板へのリンクになります。英語の掲示板になりますが、M5Stackの人が質問に答えてくれることもあります。
■はドキュメントへのリンクになります。こちらも英語になりますが、最新の情報は英語版のドキュメントを確認する必要があります。
■DEMOは選択しているボードのプログラム例があります。M5StickC系は少ないですがM5Stack系は数多くのプログラム例があります。
■は最後の操作を元に戻す処理になります。
■は逆に戻した操作を取り消す処理になります。
■はボードのファイルを管理する機能になります。画像を画面に表示したい場合にはあらかじめこの画面で画像を本体に保存しておく必要があります。また、本体に保存したプログラムや証明書の管理もこの画面からできます。
■はプログラムを実行するボタンです。のちほど詳しく説明します。
■は利用するのに注意が必要なボタンで、プログラムをボードに保存して実行するボタンになります。**Start Mode**が**App Mode**に変わってしまいますので、ダウンロードしたあとは保存したプログラムしか実行できなくなってしまいます。元の状態に戻すのはM5Burnerの**Configuration**ボタンなどを利用して**Internet Mode**に戻す必要があります。
■のアイコンは更に中にアイコンが入っています。開いたはちょっと翻訳がおかしいですが、保存したプログラムを開く機能です。保存するはプログラムをブラウザからファイルに保存する機能です。記録を更新するはUIFlowの更新履歴を確認する機能です。設定は最初に設定したApiKeyなどを設定する画面を開く機能です。

■ 下部メニューバー解説

Api key : ⚷ ASSHTMCO の部分をクリックすると設定の画面が開きます。ApiKeyの変更は他のボードに変更するときに使います。

[Disconnected]と表示してある場所はUIFlowとボードとの接続状況をあらわします。Disconnectedは接続していない状況になります。この場合、🔄を利用すると再接続を行います。

接続に成功すると接続済みに状態が変わります。この状態でないとプログラムが実行できません。また、ボードで動いているUIFlowのバージョンも表示されます。

🖫がファイルにプログラムを保存する機能、📂がファイルからプログラムを開く機能、⬇がボードにプログラムをダウンロードしてApp Modeで実行させる機能です。

■ 中央部分の解説

一番左にあるTitleなどのアイコンはマウスでドラッグして、その隣にあるボードの絵の上に移動させることで設置することができるオブジェクトです。

詳しい操作は後ほど説明しますが、文字などをボードの画面上にかんたんに設置することができます。

真ん中の柱の部分がプログラムで利用するブロックを選択する場所になります。カテゴリごとに様々なブロックがあり、それを組み合わせてプログラムを作っていきます。

右の部分が実際にプログラムをするエリアになります。ここでブロックを組み合わせることで実際にプログラムをしていきます。

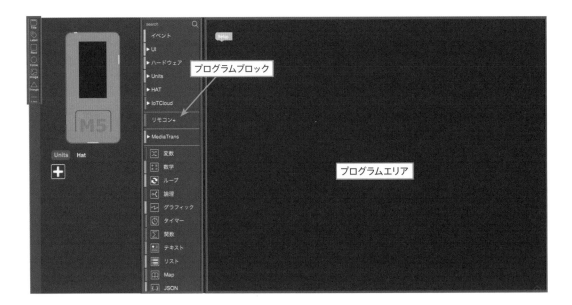

3-4　UIFlowを実行してみよう

実際のプログラム方法は後の章で説明しますが、まずはUIFlowが実行できるかを確認してみます。

01
Step

ボードの背景をクリック
左にあるボードの黒い画面の部分をクリックしてみます。

背景をクリックする

02
Step

背景色のクリック
画面の背景色の設定画面が出てきますので、黒部分をクリックしてみます。

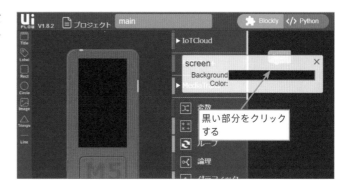

黒い部分をクリックする

03
Step

色を選択する
色を選択する画面になったので、一番右上の赤に変更してみます。

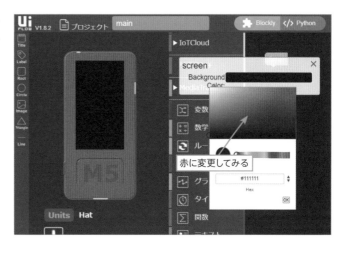

赤に変更してみる

04 OKする
Step OKボタンを押して画面を赤く変化させました。

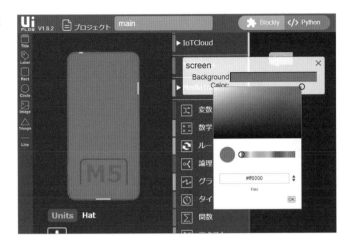

05 実行する
Step 画面右上にある実行ボタンを押して実行させてみます。M5StickC Plusの画面が赤く変化したでしょうか。

06 元の画面に戻る
Step M5StickC Plusの場合画面の左にあるボタンを押すとリセットされて、最初の画面に戻ります。前のプログラムを実行している途中で、新しいプログラムを実行することもできます。ただし、プログラムによってはリセットしてから実行しないと動きがおかしくなる場合があるので、おかしいと思ったらリセットしてから実行するようにしてください。

UIFlowでのプログラミングの基本を
やってみよう

UIFlowはブロックを組み合わせてプログラムを行います。ここでは基本的なブロックの使い方を
紹介しながらプログラムの方法を確認していきたいと思います。
また、M5StickC Plusに搭載されているボタンやブザーなどの機能の使い方も学びます。

Chapter 4

最初の一歩

実際にブロックをどのように組み合わせてプログラムを行うのかを紹介します。真ん中にある**プログラムブロック**から使いたいブロックを選び、右側のプログラムエリアで組み合わせてプログラムを行っていきます。全部完成してから実行するのではなく、途中でこまめに実行しながら動作を確認していってください。

前の章を参考にしながらM5StickC Plusを利用して、ブラウザでUIFlowのページを開いた状態から開始します。他のボードでも基本的な使い方は同じです。ただし搭載しているセンサーなどの違いがありますので、利用できるブロックはボードにより異なります。

01 最初のブロック設置

Step ❶最初に実行されるブロックです。このブロックに動かしたいブロックをくっつけることで自動的に実行できます。UIFlowを立ち上げると**setup**ブロックが表示されます。

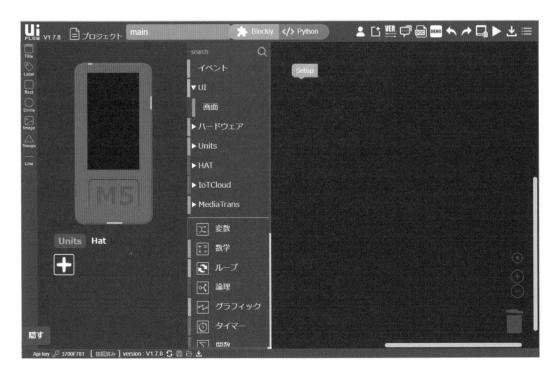

❷真ん中にあるプログラムブロックのUIをクリックすると、中に画面ブロックが入っています。画面ブロックを選択するとさらに複数のブロックがあります。ここでは一番上にある 画面の背景色を 色に設定する ブロックを使います。

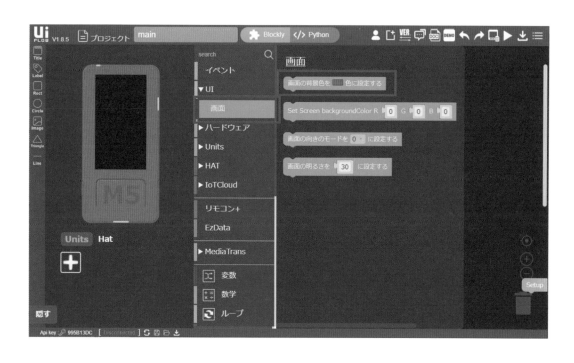

❸ 画面の背景色を 色に設定する ブロックをドラッグして持ってきました。すると**Setup**の下の出っ張りの形が変わります。このでっぱりの部分が他のブロックがつながることを表しています。

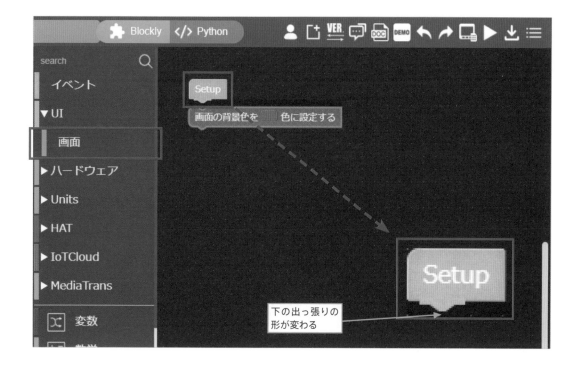

❹ **Setup**のブロックにくっつけて設置してみました。それまで灰色だった 画面の背景色を ■ 色に設定する ブロックが緑に変わりました。このように灰色のブロックはまだ他のブロックに接続されていない状態を表します。

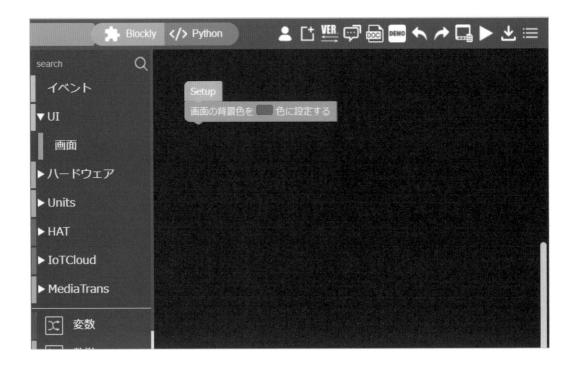

02 背景色の選択

❶ 画面の背景色を ■ 色に設定する ブロックの赤い部分をクリックします。すると色を選択するカラーパレットが表示されるので、ここで他の色を選択することで画面の色を変えることができます。

Step

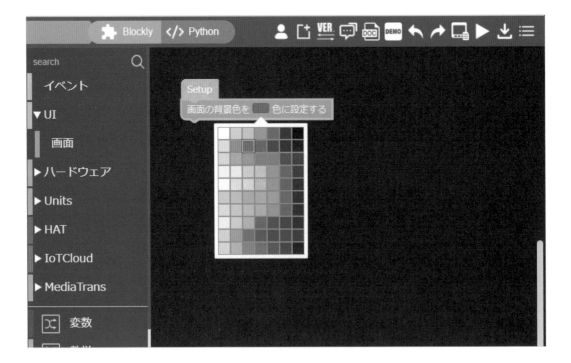

❷この状態で右上にある、右側を向いた三角ボタンを押してみます。するとM5StickC Plusの画面が赤くなったと思います。このままだと一度赤くなって終わりなので、もう少し動きをつけてみます。

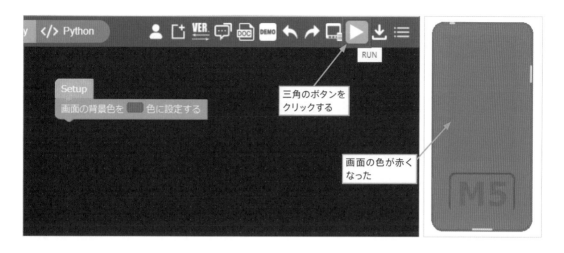

03 停止ブロックの追加

Step

❶タイマーブロックの中に [1][秒]停止 ブロックがありますのでこれを利用します。
先ほど置いた 画面の背景色を ■ 色に設定する ブロックの下に連結します。

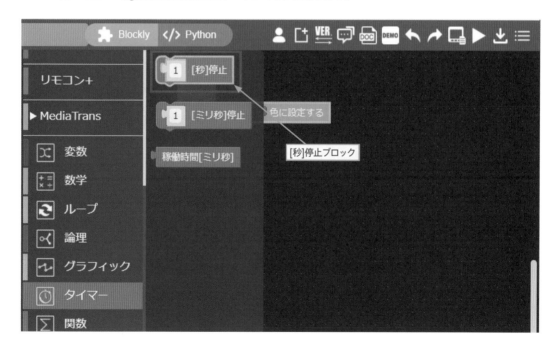

❷ [1 [秒]停止] ブロックはデフォルトでは1秒になっています。0.5秒など小数点以下の数字を設定することもできます。今回は1秒のまま使いたいと思います。

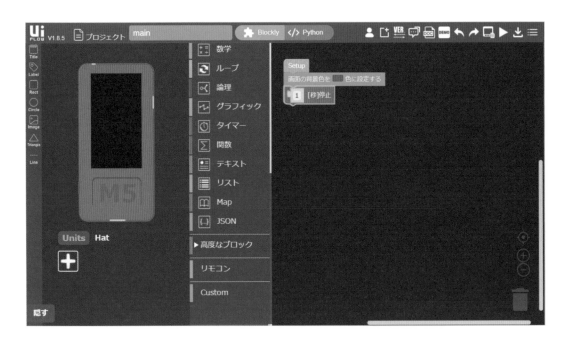

04 背景色変更ブロックの追加

Step このままでは寂しいのでちょっと変化を加えてみます。具体的には赤色が表示されたら1秒後に黄色に変化させてみます。

❶まずSTEP3のように [画面の背景色を 色に設定する] ブロックを使い、[1 [秒]停止] ブロックの下に連結します。

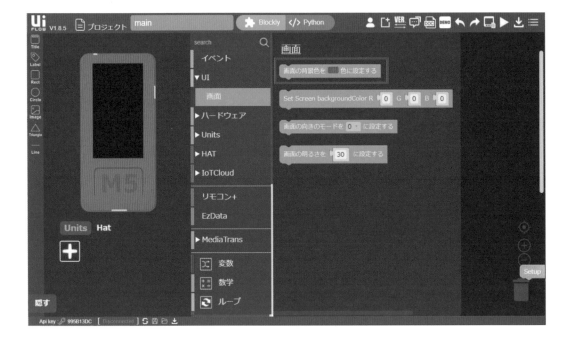

❷連結した ![画面の背景色を■色に設定する] ブロックのデフォルトは赤のため、先程と同じように赤い部分をクリックして、色を選択するカラーパレットを表示させて黄色を選択します。終わったら実行してみましょう。赤色から黄色に画面が変わったと思います。

このままでは一度実行したら終わりなので、何度も繰り返し変化するようにします。

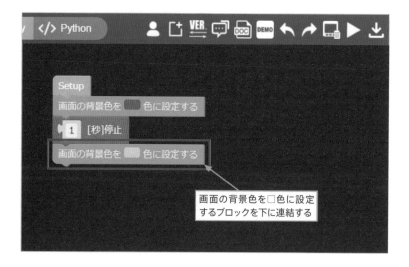

05 ずっとブロックでループ

Step イベントブロックの中にずっとブロックがあります。このブロックを使うことで、**繰り返しずっと実行させることができます**。

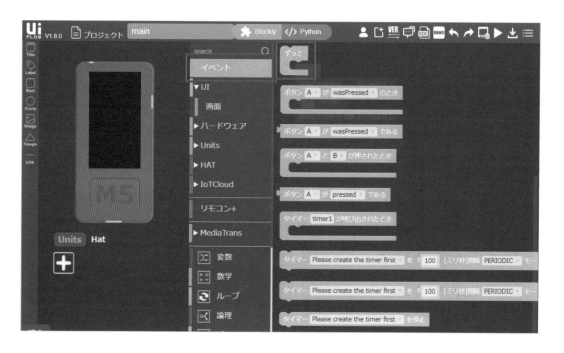

❶ ずっとブロックですが、プログラムエリアの他のブロックがない場所に設置します。

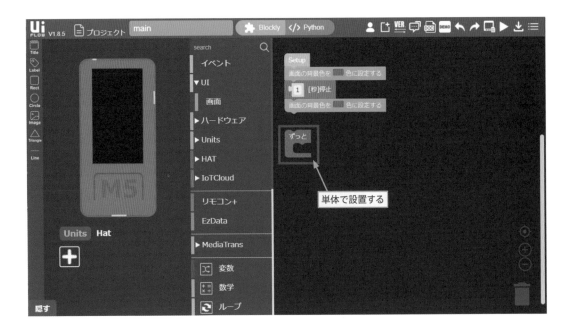

❷ UIFlowでは移動したブロックを複数同時に移動させます。

今回は **Setup** の下にある 画面の背景色を □ 色に設定する ブロックをドラッグしてみます。するとそのブロックより下に連結されているブロックも同時に移動することができます。

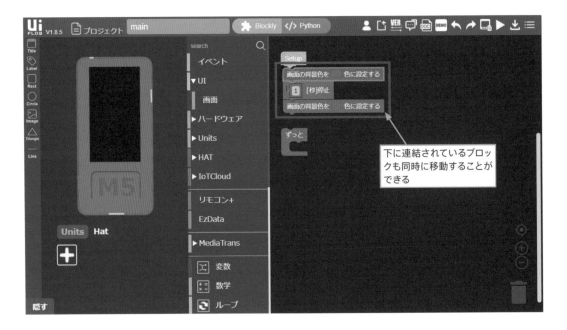

ずっとブロックの右側に空いている部分にドラッグすることで、ブロックのでっぱりが黄色くなり連結できることがわかります。

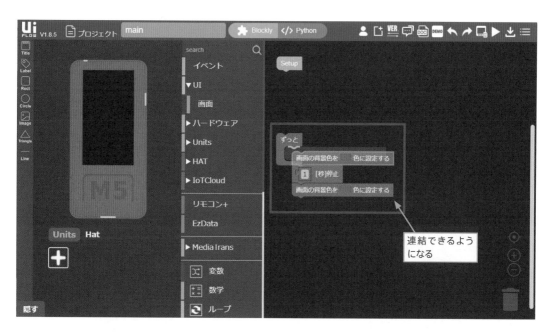

ずっとブロックの中に連結することができました。ただし、このずっとブロックは他のブロックに連携されていないので、**灰色で実行されないブロック**となります。

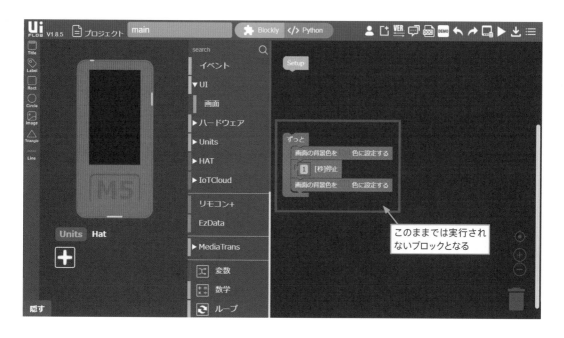

❸ Setupブロックにずっとブロックを設置させました。これでずっとブロックの中にあるブロックが繰り返し動きます。

この状態で動かしてみると赤い画面が一瞬黄色になってから、赤く戻るを繰り返すと思います。これは画面を黄色く変化したあとに停止ブロックがないため、すぐに赤く変更されてしまっているためです。

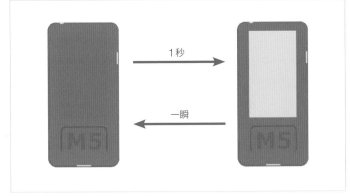

06 停止ブロックの追加

Step

今のままでは不自然なので、最後に〔1〕[秒]停止 ブロックを追加しました。

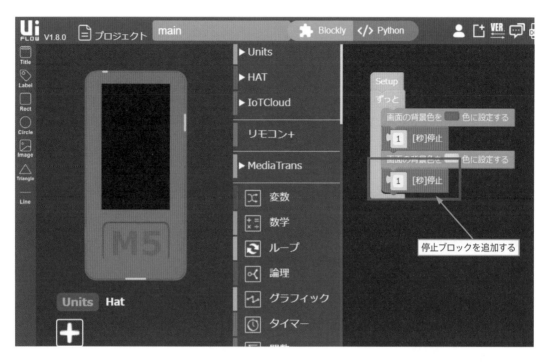

停止ブロックを追加する

実行してみると1秒ごとに画面が赤と黄色に変化するようになります。

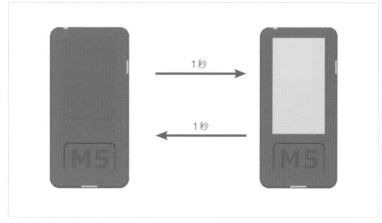

1秒

1秒

Chapter 1
Chapter 2
Chapter 3
Chapter 4
Chapter 5
Chapter 6

2

ボタンイベント

前節4-1では実行したときに自動的に動くブロックの処理を学びました。
今回はボタンなどを押したときに任意の動作をさせる方法を紹介します。
自動的に動く動作と、任意のタイミングで動く動作を組み合わせることで複雑なプログラムも可能になります。

01

ボタンイベントブロックの追加

Step

イベントブロックの中にあるブロックをみてみましょう。ずっとブロックもここにありますが、ちょっと
と特殊なブロックです。他にはボタンのブロックとタイマーのブロックがあります。今回はボタンブロックを使ってみたいと思います。

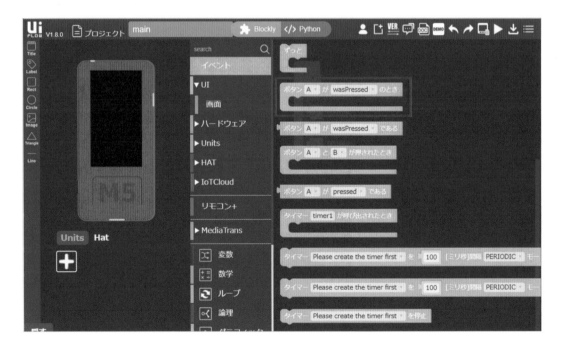

ボタンブロックもいろいろありますが、一番基本的な ブロックを置いてみました。

ボタン	場所
ボタンA	画面下の正面にあるボタン
ボタンB	画面右の側面にあるボタン

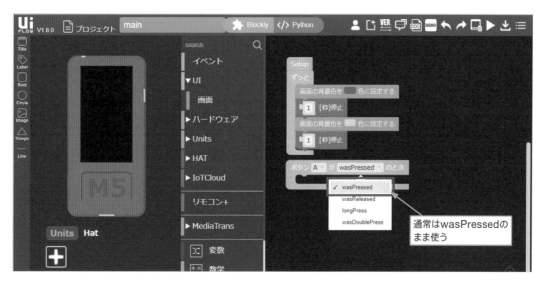

M5StickC Plusの場合はボタンが2つあります。画面下にあるボタンAと、右側面にあるボタンBです。
今回は画面下にあるボタンAを使ってみたいと思います。

種類	説明
wasPressed	ボタンを押したとき
wasReleased	ボタンを離したとき
longPress	ボタンを長く押したとき
wasDoublePress	ボタンを素早く2回押したとき

ボタンブロックのイベント種類には上記の4種類あります。通常はwasPressed（ボタンを押したとき）のまま
使うことが多いです。

02 背景色変更ブロックの追加

Step
ボタンイベントに 画面の背景色を ■ 色に設定する ブロックを追加して色を緑にしました。
実行してみると先ほどと同じく、画面が赤と黄色に1秒ごとに変化します。この状態で画面下のボタン
Aを押してみると、画面が一瞬緑に変化してから、また赤と黄色を繰り返したと思います。
このように、基本的な機能はSetupのずっとブロックの中で実行することが多く、ボタンを押したなど
の突発的なイベントで処理を割り込む動きになっています。

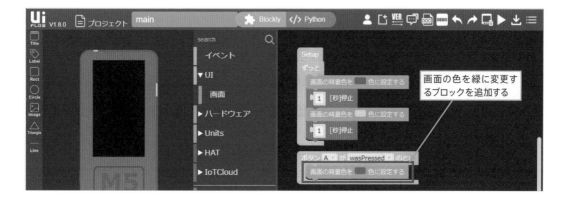

タイマーイベント

次にタイマーイベントを使ってみたいと思います。このブロックはインターバルタイマーと呼ばれる、一定時間ごとに呼び出されるイベントになります。タイマーイベントで数値をカウントアップする動きを作ってみたいと思います。

01 タイマーイベントブロックの追加

Step

タイマーブロックはイベントの中にあります。下から4つがタイマー関連のブロックになります。

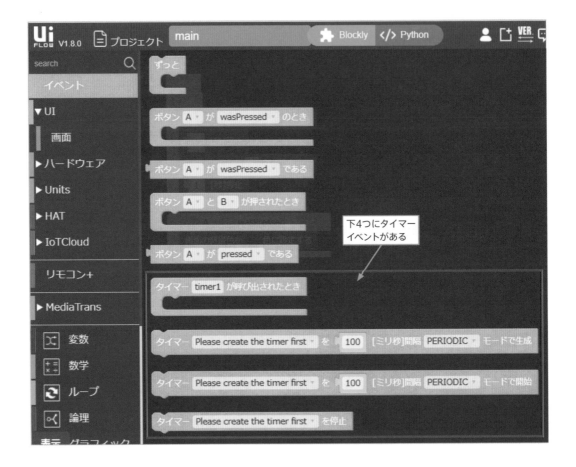

最初に 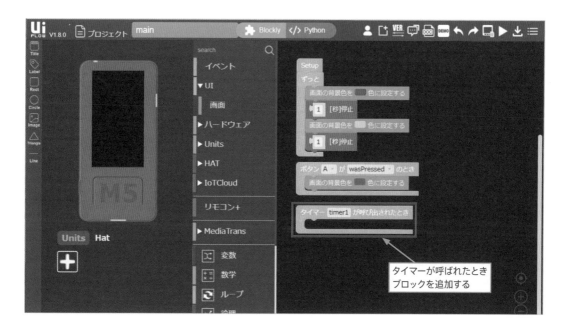 ブロックを追加します。

このブロックを設置することで、timer1という名前のタイマーが作成されました。

タイマーが呼ばれたとき
ブロックを追加する

O2 タイマー開始ブロックの追加

Step　イベントを開いてみると、先程はPlease create the timer first（最初にタイマーを作成してね）と
書いてあった場所がtimer1に変化しています。

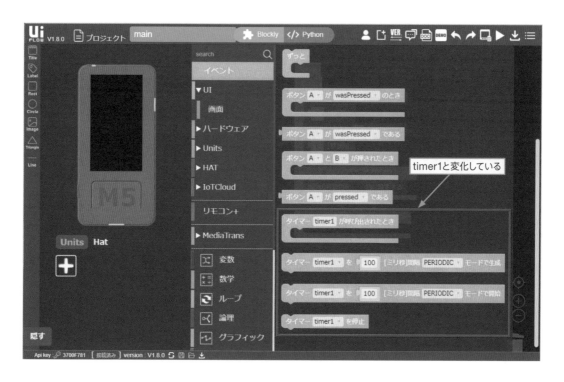

timer1と変化している

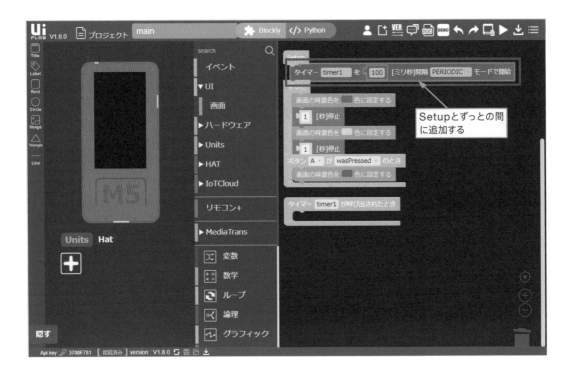 ブロックを追加してみます。今回はSetupブロックとずっとブロックの間に追加します。Setupからずっとブロックの間は最初に一度だけ実行される処理になります。

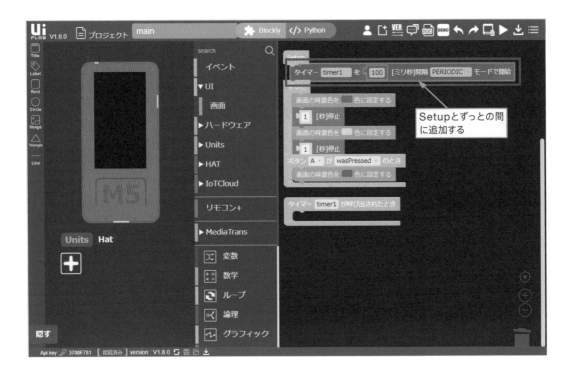

03 ブロックの配置整理

Step

追加した直後の状態です。ずっとブロックが下にずれたので、ボタンブロックの場所にかぶっています。途中にブロックを追加するとこのようにブロック同士が接触する場合があります。その都度修正をするか、ある程度伸びても大丈夫な場所に置くといいでしょう。

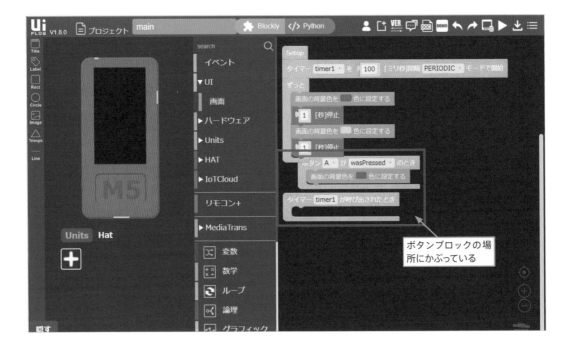

すこしブロックの配置をずらしてみました。次にタイマーの動きがわかりやすいように、画面に文字を表示させてみたいと思います。

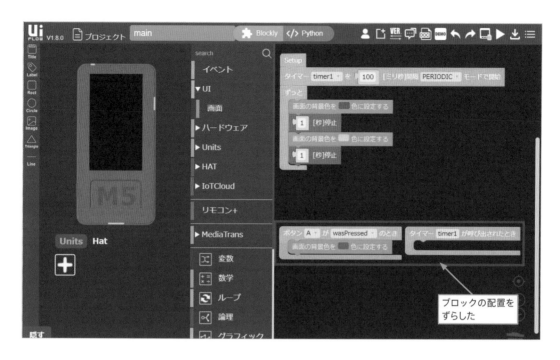

04 ラベルの追加

Step

❶画面一番左に並んでいるアイコンから**Label**を選択して、画面上の中央付近に設置します。

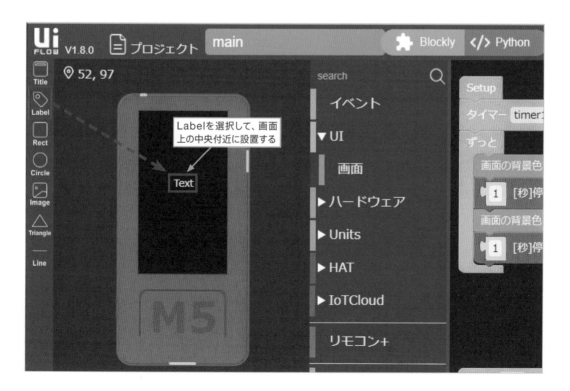

❷クリックすると詳細が開きます。

項目	備考
name	ラベルの名前。変更しなくても良い
x	横の座標
y	縦の座標
color	文字の色
text	表示する文字
font	表示する文字のフォント
rotation	表示する文字の方向
layer	前後の重なり

上記の内容を設定可能です。nameはラベルの名前で通常は変更しなくも大丈夫ですが、複数設置した場合にわかりにくい場合には名前を変更してください。xとyは表示される座標を表します。

colorは表示される文字の色になります。クリックすると色選択画面がでますので変更が可能です。

textは表示される文字です。今回はプログラムの中で変更しますのでデフォルトのままにします。

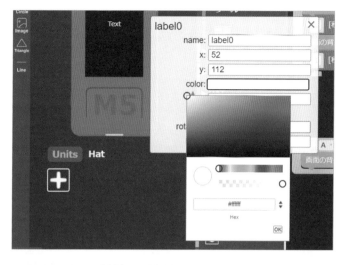

fontは表示される文字のフォントの形や大きさを指定します。

上記がフォント別の表示例になります。この中でUnicode 16のみが日本語の表示が可能で、他のフォントはアルファベットと数字、一部の記号のみの表示になります。フォントは利用するボードにより使える種類が異なります。画面の大きなM5Stackの場合Unicode 24が16の代わりに入っています。

rotationは傾きになります。角度で指定して90で縦になります。

Chapter 1

Chapter 2

Chapter 3

Chapter 4

Chapter 5

Chapter 6

layerは前後の重なりで、数字が大きいほうが上になります。通常はあとから追加したほうが上になるような数字が自動的に割り振られます。

❸画面中央付近にラベルを設置してフォントをUnicode 16に変更しました。この状態で実行するとラベルの文字は表示されていません。これは画面の背景色を設定したときに画面全体が上書きされるため、ラベルの文字が消えてしまうのです。

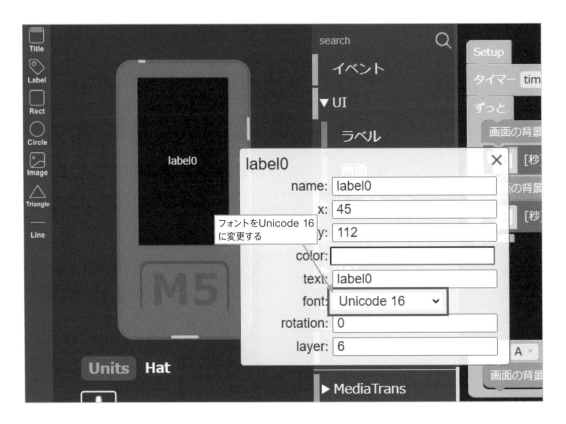

05 変数の作成

Step

数値をカウントアップするために変数を作成する必要があります。
変数とは数値などを保存しておく箱のようなものです。

❶変数の作成をクリックすると、作成する変数名をしていする画面が表示されます。数学などでは変数にaやb、もしくはxやyなどの名前を割り振ることが多いですが、ここでは自由に名前をつけることができます。

Chapter 1

Chapter 2

Chapter 3

Chapter 4

Chapter 5

Chapter 6

❷ここでは**カウント**とカタカナで設定します。英語でcountやCounterなどの名前をつけるのが一般的ですが、日本語やaなどの簡易的な名前をつけることもできます。まずは自分がわかりやすい名前をつけるようにしましょう。

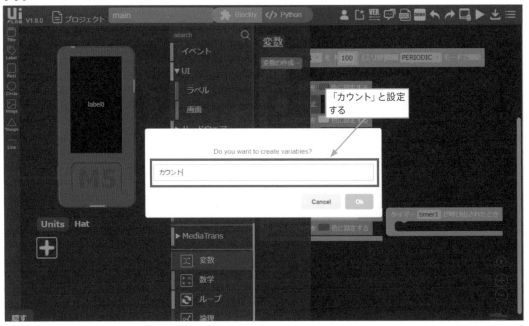

06 Step 変数のカウントアップ

変数を作成すると、ブロックが増えました。最初に**タイマーイベント**が呼ばれたときにカウントアップさせます。

タイマーイベントブロックの間に `カウント▾` を `1` 増やす ブロックを追加しました。これでタイマーイベントがあるたびにカウントアップする処理になります。このままだとカウントがわからないので、画面に表示させます。

07 ラベルの表示文字の変更

Step UI ブロックの中にラベルブロックが追加されているので、中身を確認してみます。ここでラベルの文字や、座標、色などを変更することができます。

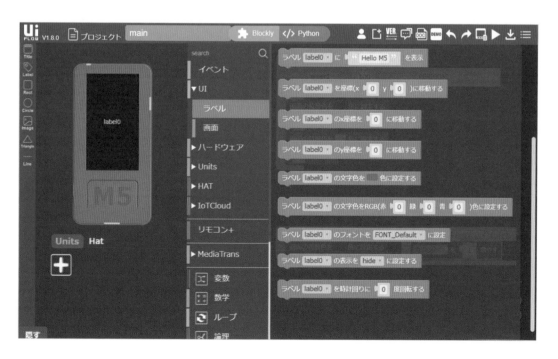

❶一番上にある ラベル label0 に Hello M5 を表示 ブロックをタイマーイベントに追加します。このままではHello M5と表示
されるため、カウントアップした数字を表示するように変更します。

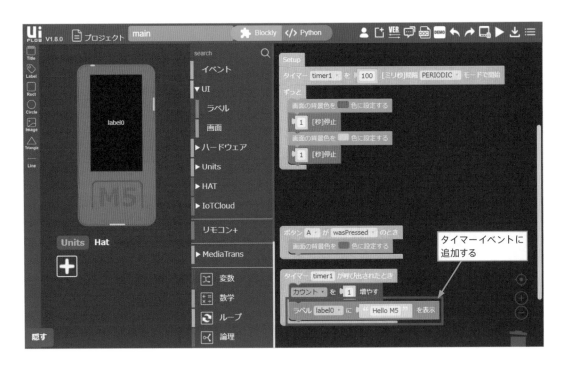

❷変数の中にある カウント ブロックが実際のカウントした数値が入っている変数なので、これを使用します。

❸変数ブロックをラベルの 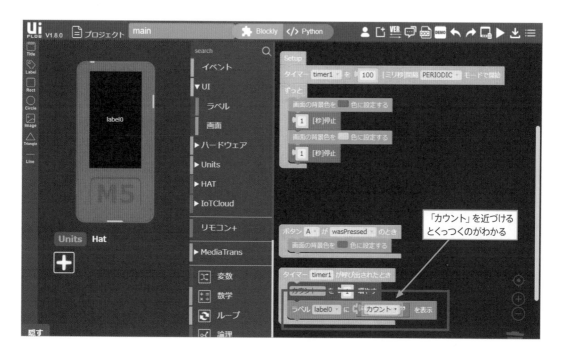 ブロックの部分に近づけるとくっつくのがわかると思います。

「カウント」を近づける
とくっつくのがわかる

08 実行して確認

Step

この状態で実行すると画面中央にカウントアップしている数字が表示されます。背景が黄色の場合には
ちょっと文字が見にくいと思いますので、文字色を変更します。

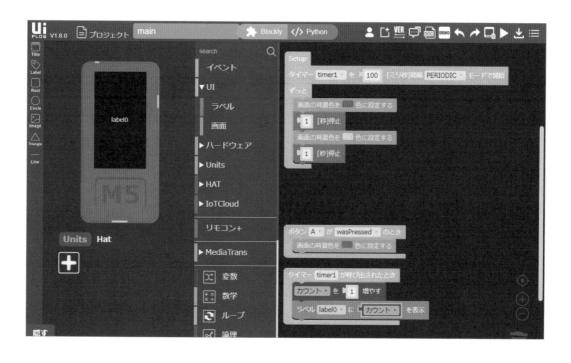

09 背景色変更ブロックの追加
Step

背景色を黄色に変更した直後に文字の色を黒に設定してみました。この状態で実行すると背景が黄色になっても文字が見やすくなったと思います。ただし他の色になっても文字は黒のままです。

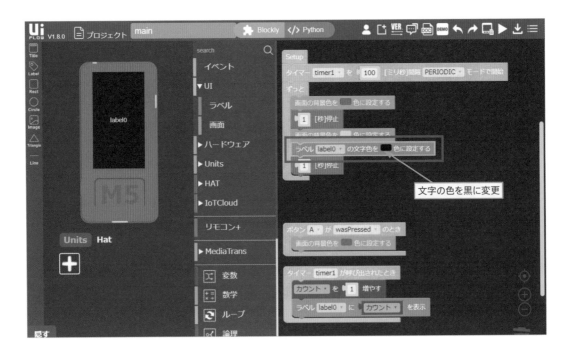

文字の色を黒に変更

10 更に追加
Step

今度は背景色を赤に変更した直後に文字を白に設定しています。これで動かすと先ほどより見やすくなったと思います。ただし、ボタンを押して背景色を緑にした場合に文字の色が白だったり、黒だったりと統一性がありません。

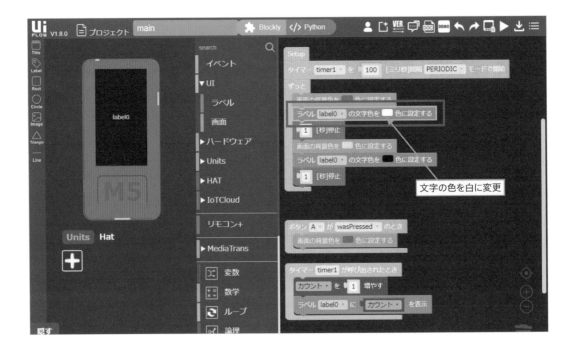

文字の色を白に変更

11 完成?

ボタンイベントで背景を緑にした直後にも文字の色を変更するようにしました。これで意図した通りの色を表示することができそうです。このように徐々にプログラムを追加して動かしていく必要があります。また、一箇所を修正したところ、複数の場所に影響を与える場合があるので注意しましょう。

ここで完成でもいいのですが、このプログラムをよくみてみると変数の初期値を設定していません。0からスタートするのですが明示的に設定するようにしたほうが好ましいです。

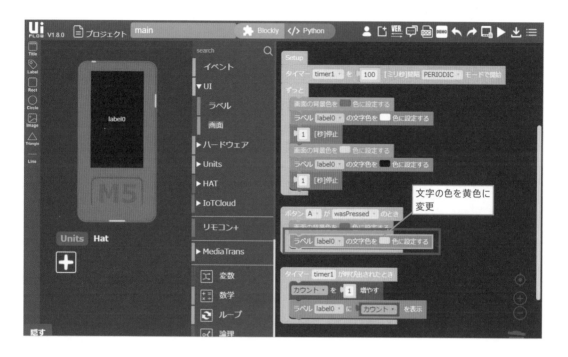

12 変数の初期化

Step　変数ブロックの中にある カウント を にする ブロックを追加します。

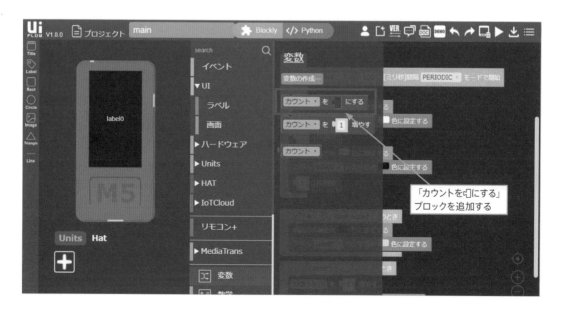

❶追加する場所はタイマーを開始した後にします。

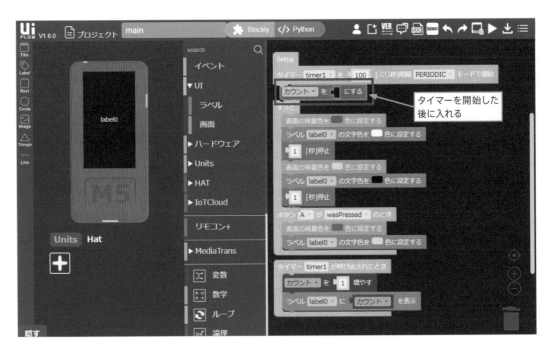

このままだと🔲の部分に何もセットされていません。

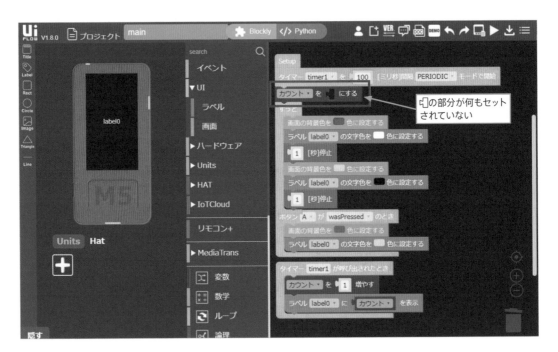

❷数学ブロックの中に数値を設定するブロックがあります。

一番上の 0 ブロックになります。 0 ブロックを カウント を にする ブロックの空いている場所に入れます。

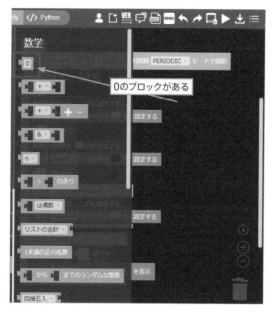

0のブロックがある

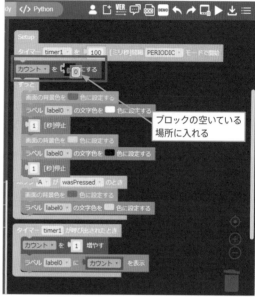

ブロックの空いている
場所に入れる

❸マウスで0をクリックすると変更することが可能です。今回は1からカウントをスタートするので、キーボードを使って1に変更します。ボタンイベントとタイマーイベントのブロックをかぶらないように移動したら完成です。

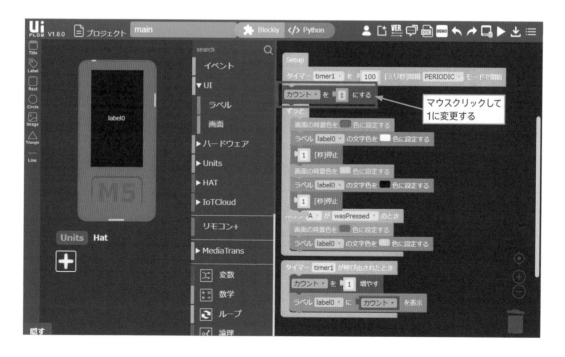

マウスクリックして
1に変更する

組み合わせよう

応用としてこれまで出てきたブロックを組み合わせてみたいと思います。ボタンイベントの種類の確認と、1秒未満の制御方法、タイマーイベントの使い方などを学びます。ボタンを押しているときだけ0.5秒間隔で内蔵の赤色LEDを点滅させるプログラムを作りたいと思います。

4-1 　新規にファイルを作成する

新規にプログラムファイルを作成します。ただし、この作業は前回の作業が残っている場合に適用されますので、元々新規でプログラムファイルを作成する場合には無視してもかまいません。

01
NEW FILEで新しくする
Step　上のメニューよりNEW FILEを選択すると、先程のプログラムを中断して新しいプログラムを開始することができます。

NEW FILEをすると画面上のプログラムがすべて消えてしまうので気をつけてください。プログラムの保存方法と読み込み方法は後ほどのページで解説します。

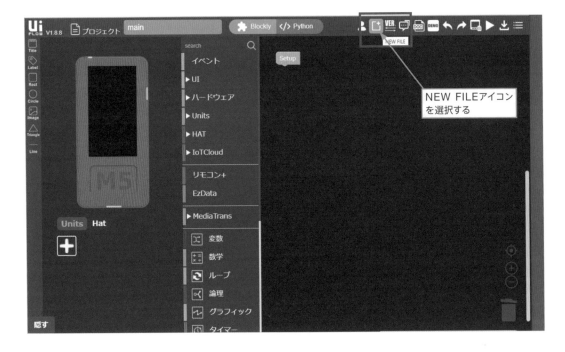

プログラムをファイルに保存するか聞かれますので「Save the file and create」を選択するとファイルに保存することもできます。「Create but don't save」を選択すると保存せずに新しいプログラムを開始します。この2つのボタンを押すことで画面上のプログラムがすべて消えて、新しいプログラムを開始することができます。まちがって NEW FILE を押してしまった場合には Cancel を選択して元に画面に戻ってください。

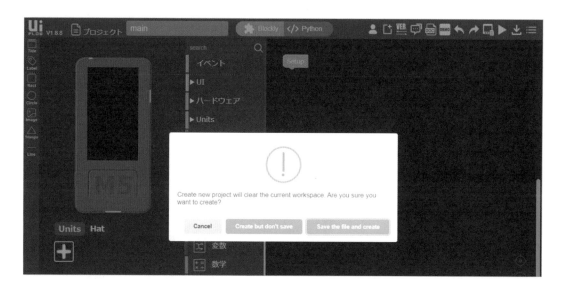

4-2 タイマーブロックを設定する

01 タイマーブロックの追加

Step 最初にタイマーブロックを使って0.5秒間隔で本体LEDを点滅させたいと思います。まずはイベントの中にある <kbd>タイマー timer1 が呼び出されたとき</kbd> ブロックを設置します。

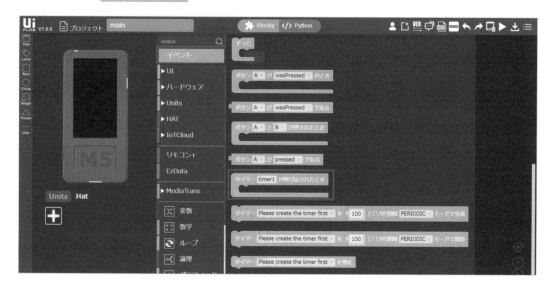

Chapter 1
Chapter 2
Chapter 3
Chapter 4
Chapter 5
Chapter 6

イベント系のブロックですのでSetupブロックには設置せずに、その下に置きます。Setupにブロックを設置する場合、すぐ下に置くと邪魔になるので、もう少し離れた場所に置くかあとで移動することになります。

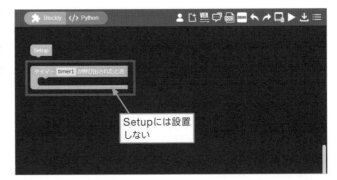

Setupには設置
しない

02
LEDオン

Step

ハードウェアブロックのLEDブロックの中に LED ON ブロックがあります。このブロックを使うことで本体に内蔵している赤色LEDが光ります。

タイマーブロックの中に LED ON ブロックを追加します。これでtimer1というタイマーが呼び出されたときに、本体LEDがオンになって赤く光ります。

03
0.5秒のウエイトを入れる

Step

次に点滅させるために、0.5秒LEDが光ったあとにLEDを消す処理が必要になります。タイマーブロックの中にある 1 [秒]停止 ブロックを使います。

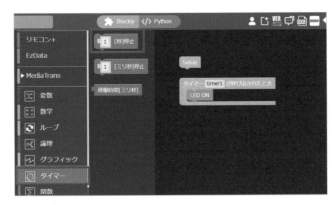

LED ON ブロックの下に **1 [秒]停止** ブロック
を設置しました。

今回は0.5秒間隔で光らせたいので、1の
ところを0.5に変更します。これでLED
を光らせてから0.5秒経過してから次の
処理を実行できるようになりました。

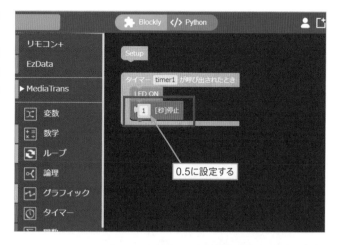

停止ブロックは秒とミリ秒の2種類ありま
す。1秒は1000ミリ秒ですので、ミリ秒
停止ブロックで500ミリ秒にしても同じ
秒数ですが、0.5秒の方がわかりやすい
と思います。小数点以下で秒数が指定で
きますので、微妙な秒数での停止も可能
です。こちらは停止する時間が理解しや
すい方のブロックを使うようにしてくだ
さい。

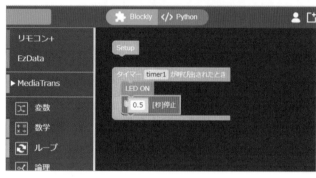

04 LEDオフ

Step
ハードウェアブロックの**LED**ブロ
ックの中に **LED OFF** ブロックがあり
ます。このブロックを使うことで
LEDが光っているのが消えます。

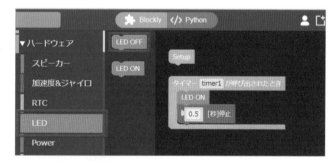

1 [秒]停止 ブロックの下に **LED OFF** ブロック
を設置しました。

これにより、LEDオンしてから0.5秒停
止し、LEDオフしました。これで0.5秒間
LEDが光ってから消える動作になります。

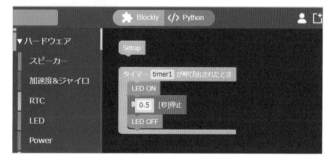

Chapter 1
Chapter 2
Chapter 3
Chapter 4
Chapter 5
Chapter 6

05 実際に光らせてみる

現在はまだタイマーを呼び出す処理がありませんので、タイマーを定期的に呼び出す処理を追加します。

Step イベントブロックの中にある タイマー timer1 を 100 [ミリ秒]間隔 PERIODIC モードで開始 ブロックを使います。

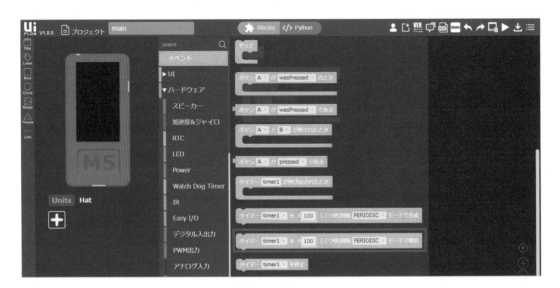

Setupブロックに設置して、実行した直後にタイマーを開始するようにします。

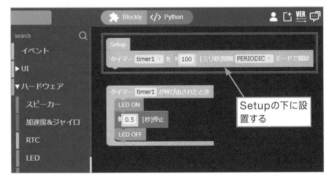

設置直後は100ミリ秒間隔なので、1000ミリ秒間隔に変更します。ミリは1000分の1をあらわしますので1000ミリ秒は1秒になります。この状態で動かしてみると0.5秒間隔でLEDが光ったり消えたりを繰り返すと思います。内部的には1秒間隔でタイマーが呼び出され、LEDが0.5秒オンになってからオフになる動きになります。

もし1000ミリに変更する前に動かしてしまうと本体がハングアップして反応しなくなるので、電源ボタンを6秒以上押して電源オフにしてから再度電源ボタンを押して再起動してください。

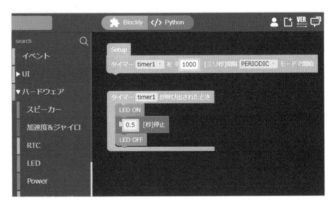

4-3　ボタン操作を加える

ここでボタン操作を加えていきます。
ボタン操作に関しては、Chapter4-2 ボタンイベントで解説していますが、今回はその応用となります。

01　**ボタン操作でオンにする**

Step　LEDを点滅することはできましたので、実際にボタン操作と連動させてみたいと思います。イベントブロックから　ブロックを設置します。

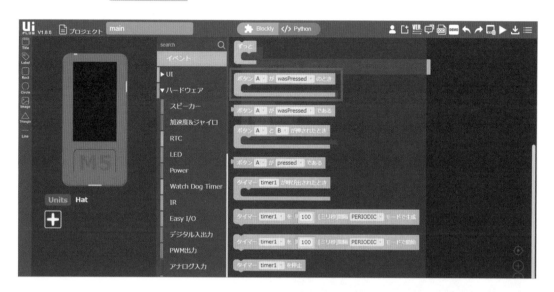

そしてSetupに設置してあったタイマーを開始するブロックをボタンが〜のときブロックの中に移動させます。

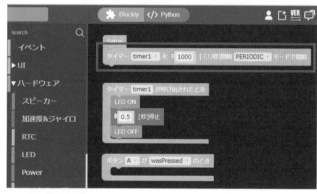

移動させるためには対象となるブロックをマウスでつかみ、移動先でマウスを離してドロップする必要があります。
移動中や他のブロックに接続されていないブロックは半透明になりますので、設置したときに色がもとに戻っているかを確認してください。

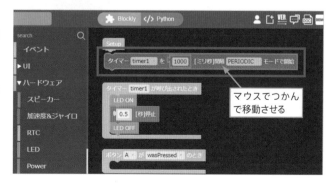

この状態でボタンAを押すとタイマーが
開始して、LEDが点滅するはずです。た
だし、このままだと一度押したあとは常
にタイマーが動いている状態になってい
ますので、さらに手をいれる必要があり
ます。

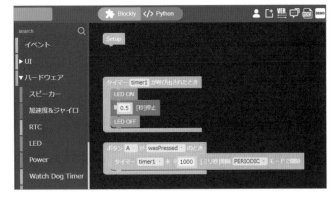

02 画面の色を連動させる

Step

画面の色もボタンの動きと連動させてみたいと思います。**UI**ブロックの画面ブロックの中にある
画面の背景色を ■ 色に設定する ブロックをボタンブロックの中に設置します。

画面の背景色を ■ 色に設定する ブロックを画面のよ
うに追加します。

この状態で実行して、ボタンを押すと画
面が赤くなってLEDが点滅する状態にな
ったと思います。次に点滅を止める処理
を作っていきます。

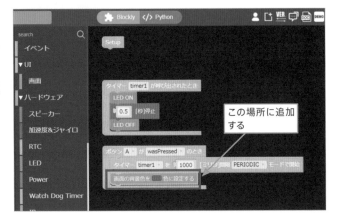

この場所に追加
する

03 複製機能を使う

ボタンを離したときの処理を作りたいと思うのですが、同じようなブロックをたくさん使うときには複製機能が便利です。

ブロックを右クリックすると複製というメニューが出ます。またはWindowsの場合にはCtrlキーを押しながらCボタンを押すことでコピーして、Ctrlキーを押しながらVボタンを押すことでコピーしたブロックをペースト（貼り付ける）ことができます。

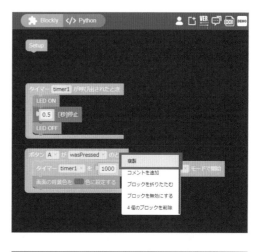

複製をすると、右図のように少し右下に同じブロックが出てきます。真ん中から毎回ブロックを設置するのは大変ですので、同じブロックを使う場合には積極的に複製をしてから移動して設置すると便利です。

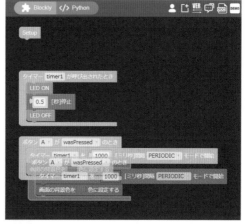

このままでは同じ ［ボタン A が wasPressed のとき］ ブロックが2つあるので、変更していきます。

同じ機能のボタン
操作が2つある

04

Step

ボタンを離したときに点滅を止める

まずはボタンイベントの種類を wasPressed（押したとき）から wasReleased（離したとき）に変更します。

ボタンのイベントは全部で4種類あります。長押しとダブルクリックは非常に使いにくいのでおすすめしません。通常はwasPressed（押したとき）でかまいませんが、選択ボタンなどはwasReleased（離したとき）の方が好ましい場合もありますので、今回のプログラムで動きを確認して使い分けができるようにしてください。

種類	説明
wasPressed（押したとき）	押した瞬間にイベントが発生
wasReleased（離したとき）	離した瞬間にイベントが発生
longPress（長押し）	2秒以上押して離した瞬間にイベントが発生
wasDoublePress（ダブルクリック）	すばやく2度押して離した瞬間にイベントが発生

タイマー timer1 を 100 [ミリ秒]間隔 PERIODIC モードで開始 ブロックは必要ないので削除します。

右クリックをして削除を選択するか、キーボードのDeleteキーを押すことで削除することができます。

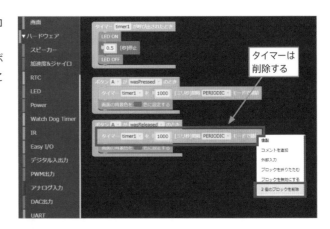

タイマー timer1 を 100 [ミリ秒]間隔 PERIODIC モードで開始 ブロックが削除されました。

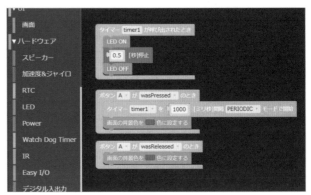

次に**イベント**ブロックにある 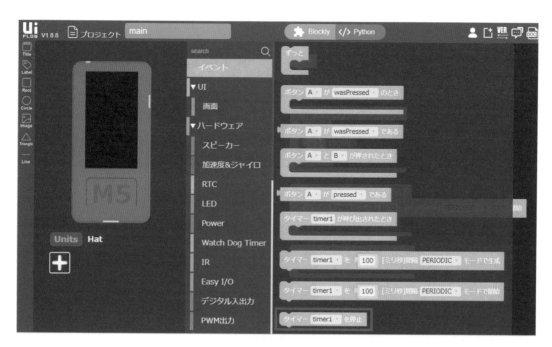タイマー timer1 を停止 ブロックを使って、点滅しているタイマーを停止します。

タイマー timer1 を停止 ブロックを設置しました。
これでボタンを離したときにタイマーが停止します。ボタンを押すとタイマーが起動して、離すとタイマーが停止するようになりました。

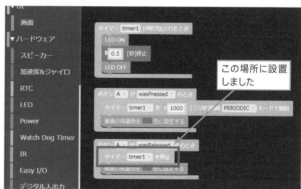

この場所に設置しました

最後に画面の色もボタンに連動して赤から青に変更してみたいと思います。
これでボタンを離すと画面が青くなってLEDを点滅させるタイマーが停止します。

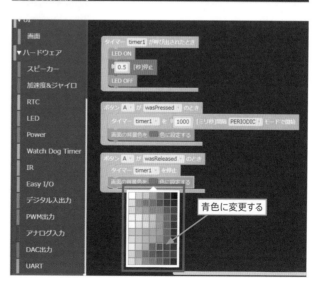

青色に変更する

Chapter 1
Chapter 2
Chapter 3
Chapter 4
Chapter 5
Chapter 6

この状態で動かしてみてください。
ボタンを押している間は画面が赤くなり
LEDが点滅すると思います。ボタンを離す
と画面が青くなり、LEDの点滅が止まった
と思います。ボタン操作は押した瞬間と、離
した瞬間のどちらを利用したほうがいいのか
は状況により異なりますので使い分けができ
るようにしてください。

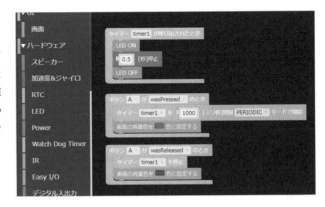

ボタンBに変更

実際に操作をしているとボタンを押
しっぱなしにするのは思ったより面
倒ですので、本体右側にあるボタン
Bを押したときに停止するように変
更してみたいと思います。
Aの場所をクリックすることで、
ボタンBに変更することができま
す。利用しているボードにより選
択できるボタンの数は違います。
M5StickC Plusの場合には2つの
ボタンがありますのでAとBが選択
できます。

ボタンBに
変更する

ボタンBはwasReleased（離したとき）に
なっているので、wasPressed（押したと
き）に変更します。

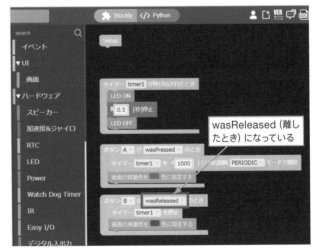

wasReleased（離し
たとき）になっている

wasReleased（離したとき）をクリックして、wasPressed（押したとき）を選択します。

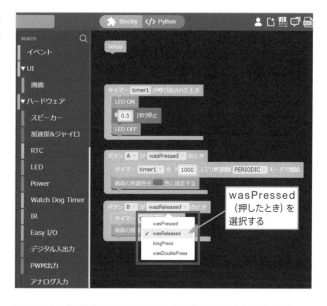

この状態で動かすことでボタンAを押すと画面が赤くなり、LEDが点滅する状態になり、ボタンBを押すと画面が青くなり、LEDの点滅が停止したと思います。このように複数の機能を組み合わせて動かしながらブロックの使い方を確認してみてください。

Chapter 1
Chapter 2
Chapter 3
Chapter 4
Chapter 5
Chapter 6

関数を使ってみよう

関数とは複数のブロックをまとめて扱うためのブロックです。
関数を使うことで、同じようなブロックの処理を複数箇所で使う場合などに便利です。
特に途中で動きを変える場合に、複数箇所に同じようなブロックが分散していると変更
し忘れることがあります。

POINT

関数とは
数学では y=2x などグラフ等で関数が使われています。これは x の値によって y が決まります。**プログラムの関数も
数学の関数と同じように、x の値を渡すと y の値を計算してくれるような機能を関数と呼びます。ただしプログラム
の場合には計算だけではなく、複数の処理をグループ化して名前を付けるという意味合いもあります。** UIFlow でも
複数のブロックを連結したものを関数ブロックの中に入れることでグループ化することができます。グループ化し
た関数はいろいろな場所から簡単に呼び出すことができます。

01 ボタンAのイベントブロックの追加

Step
ボタンイベントブロックを追加します。まずはイベントブロックから ボタン A が wasPressed のとき ブロックを使ってボタンAのイベントを設定します。

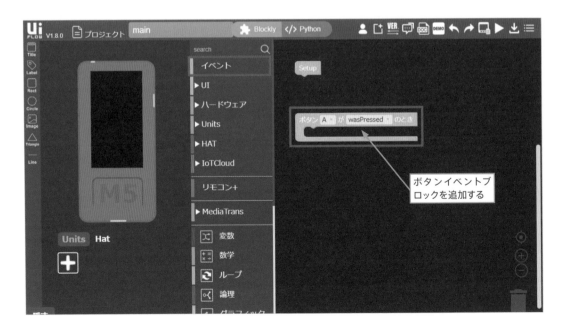

ボタンイベントブロックを追加する

02 背景色を赤に変更

Step
画面ブロックから
画面の背景色を ■ 色に設定する ブロック
を使って背景を赤にしてみます。

背景を赤にする

03 ボタンBのイベントブロックの追加

Step
同じようにボタンBのイベントブロックも
追加します。
ボタンの右側のプルダウンでBに変更し
ます。

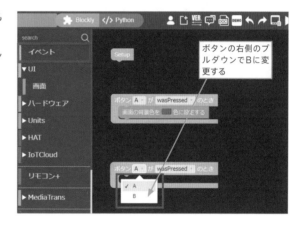

ボタンの右側のプル
ダウンでBに変
更する

04 背景色を青に変更

Step
画面右側にあるボタンBを押すと青くな
るようにしました。ここで一度動かして
みます。最初は画面が黒く、画面下のボ
タンAを押すと赤くなり、画面右のボタン
Bを押すと青くなります。

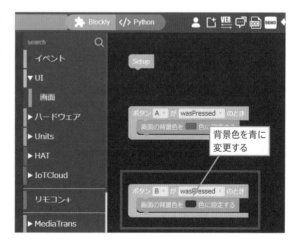

背景色を青に
変更する

Chapter 1
Chapter 2
Chapter 3
Chapter 4
Chapter 5
Chapter 6

05
Step

音を追加してみる

M5StickC Plusはスピーカーを内蔵しているので音を鳴らしてみたいと思います。ハードウェアの中にスピーカーブロックがあり、音を鳴らすブロックは2種類あります。今回は音の変化がわかりやすい スピーカーを高さ Low A で 1 拍鳴らす ブロックを使ってみます。このブロックは音の名前と長さとなる拍数を指定して音を出します。

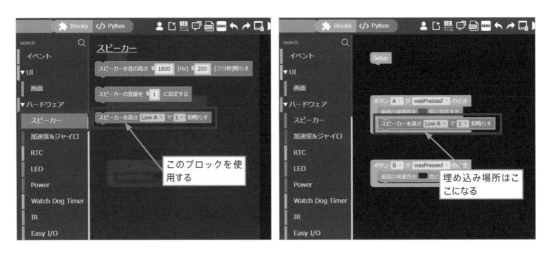

音の一覧になります。周波数によって音の高さを指定しています。

名前	ドレミ	周波数
Low C	ド3	131
Low C #	ド#3	139
Low D	レ3	147
Low D #	レ#3	156
Low E	ミ3	165
Low F	ファ3	175
Low F #	ファ#3	185
Low G	ソ3	196
Low G #	ソ#3	208
Low A	ラ3	220
Low A #	ラ#3	233
Low B	シ3	247
Middle C	ド4	262
Middle C #	ド#4	277
Middle D	レ4	294
Middle D #	レ#4	311
Middle E	ミ4	330
Middle F	ファ4	349
Middle F #	ファ#4	370
Middle G	ソ4	392
Middle G #	ソ#4	415
Middle A	ラ4	448
Middle A #	ラ#4	466
Middle B	シ4	494
High C	ド5	523
High C #	ド#5	554
High D	レ5	587
High D #	レ#5	622
High E	ミ5	659
High F	ファ5	698
High F #	ファ#5	740
High G	ソ5	784
High G #	ソ#5	831
High A	ラ5	889
High A #	ラ#5	932
High B	シ5	988

音の長さは拍数で指定します。1拍は500ミリ秒の長さになっているようです。

Low Aで1拍音を鳴らすということは、220Hzの音を500ミリ秒鳴らすということですので、周波数と時間を指定するブロックでもまったく同じ音を鳴らすことが可能です。どちらのブロックを使っても構いませんが、音楽的なものを鳴らす場合には音の名前で、警告音の場合には周波数を指定して音を鳴らすことが多いです。

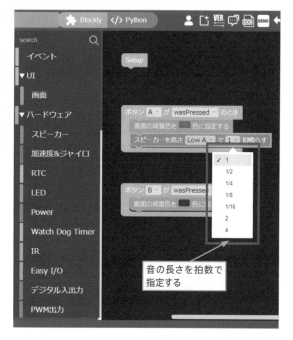

06 音を指定する

Step
❶ボタンAには一番標準的な4度のドである middle C を選択してみます。
❷ボタンBには4度のレである middle D を指定してみました。

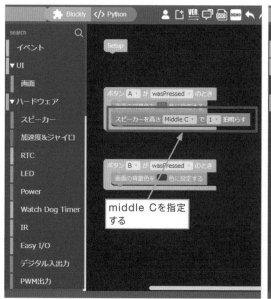

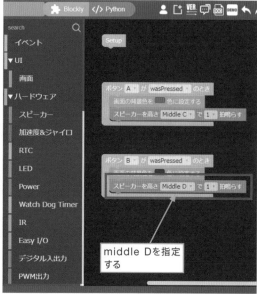

これで一度動かしてみてください。画面下のボタンAを押した場合は画面が赤くなり、middle Cの音が鳴ります。また、画面右のボタンBを押した場合は画面が黒くなり、middle Dの音が鳴ります。

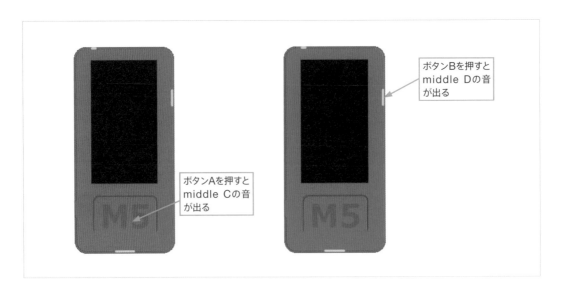

07 関数を使ってみる

Step

さて、ここでボタンを押したときに同じような処理が二箇所にあります。このままプログラムを続けても構わないのですが、動きを追加しようとしたときに片方だけ修正して、もう片方を修正し忘れることがあります。同じような処理は一箇所にまとめた方があとで動きを変えようしたときに修正漏れが発生しにくくなりますので、修正していきます。

❶一旦、適当な場所に関数ブロックから を設置します。

❷関数の名前がdosomething（何かをする）になっていますので、適切な名前に変更します。
ここではボタン操作に名前を変更しました。

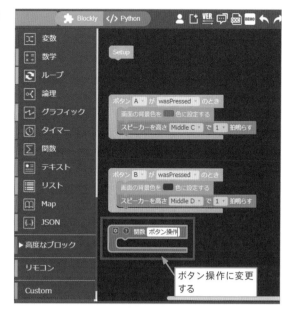

ボタン操作に変更
する

❓マークをクリックすると関数の説明を追加することもできます。**ここに設定した説明はメモとして保存されるだけで、実際の動きには関係ありません。**なるべく関数名で動きがわかるようにした方がよいでしょう。

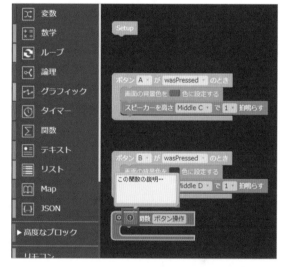

一番左にあるアイコンは設定ボタンです。
これを開くと入力名と書かれたブロックがあります。今回はどのボタンが押されたのかを入力できるようにします。

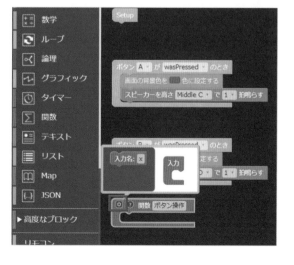

❸入力名：xのブロックを右側にある入力のブロックにドラッグして追加します。

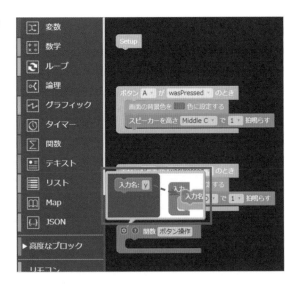

追加できました。入力名がxだとわかりにくいので他の名前に変更します。

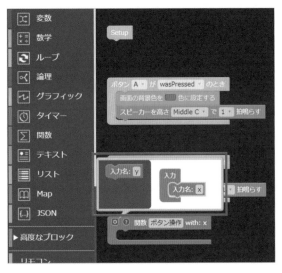

❹ボタン名に変更しました。関数ブロックにもwith:ボタン名と追加されます。

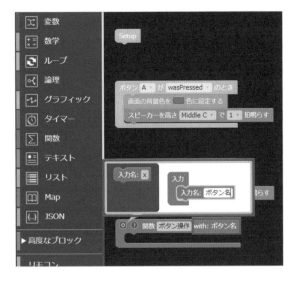

08 ボタンの処理を移動する

Step
ボタンAを押したときの処理を関数に移動します。ボタンAのイベントの一番上にあった背景色変更ブロックをドラッグして関数に移動してみます。このとき移動するブロックに接続しているブロックも同時に移動します。このままボタンAの処理がなくなったので、関数を呼び出してみましょう。

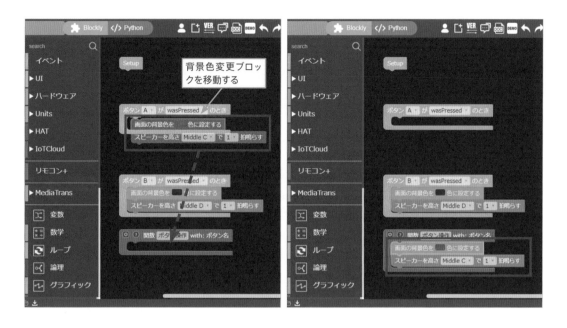

09 関数呼び出しを追加

Step
関数の中に先ほど作った**ボタン操作**関数があります。この関数ブロックを**ボタンAがwasPressedのときに**設置します。ボタン名のところが設定されていませんが、このままでも動きます。動かしてみると、ボタンAを押したときには背景が赤になって4度のドの音が鳴ります。

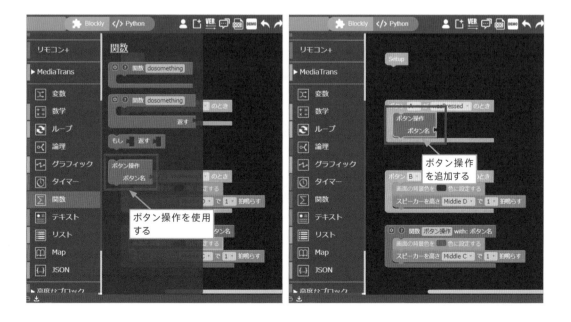

10
Step

関数に引数を追加

関数に引数を追加してあげましょう。この引数によってどのボタンが押されたのかを識別します。数字でもよいのですが、今回はわかりやすいテキストにしてみます。

❶ テキストブロックの一番上の "■" ブロックが任意のテキスト文字列を指定するためのブロックになり、関数のボタン名のところに近づけると設置することができます。

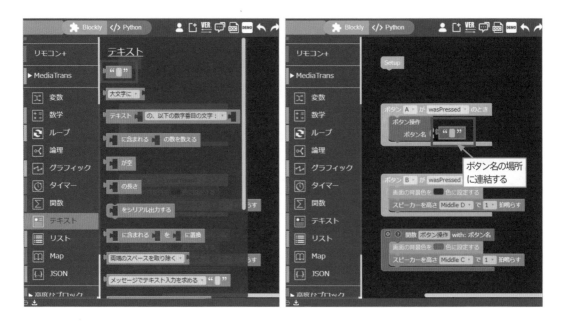

❷ ボタン名をAにしてみました。

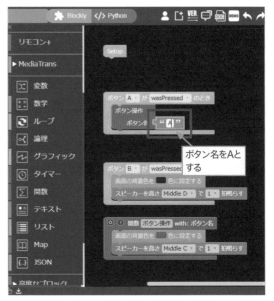

POINT

引数
引数とは関数を呼び出すときに渡す値のことです。**y=2xの場合、xの値が引数で、2倍した値をyとして計算してくれる関数となります。** UIFlowでは引数を複数渡すこともできますし、1つも渡さないこともできます。

114

11 引数に応じた条件分岐

Step

引数のボタン名に応じた処理を実行するためには、論理にあるもしブロックを使う必要があります。もしブロックには、[もしであれば]ブロックと、[もしであればそうでなければ]ブロックの二種類あります。
今回は一番上の[もしであれば]ブロックを使います。

ここで、もし (if) に関しての解説を行っていきます。
ifとは条件分岐と呼ばれるプログラムの中でも重要な機能です。一番単純な形は下記のように条件が1つだけです。

(if)もしボタンAが押されていたら画面を赤くする

この場合にはボタンAが押されている場合のみ画面が赤くなります。ボタンAが押されていない場合には何もしません。

(if else)もしボタンAが押されていたら画面を赤くする、そうでなければ画面を黒くする

この場合にはボタンAが押されている場合は画面が赤くなり、それ以外の場合には画面が黒くなります。

(if elif)もしボタンAが押されていたら画面を赤くする、そうでなくもしボタンBが押されていたら画面を青くする

すこし複雑になりました。ボタンAが押されていた場合に画面が赤くなるのは同じですが、ボタンBが押されていた場合には画面が青くなります。ただし、ボタンAとボタンBが同時に押されていた場合には赤くなります。
これは条件分岐では最初に条件に当てはまった処理を実行し、それ以降の条件を無視するためです。
UIFlowで表すと以下の図のようになります。

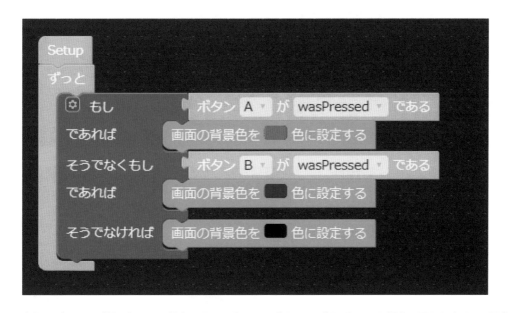

上記はボタンAが押されていた場合に画面を赤くし、ボタンBが押されていた場合に画面を青くし、両方とも押されていない場合に画面が黒くなる場合の条件分岐になります。

Chapter 1
Chapter 2
Chapter 3
Chapter 4
Chapter 5
Chapter 6

詳しい仕組みは後ほど説明しますが、以下のように文字だけで説明するよりはブロックの方がわかりやすいと思います。

```
if btnA.wasPressed():
    setScreenColor(0xff0000)
elif btnB.wasPressed():
    setScreenColor(0x000066)
else:
    setScreenColor(0x000000)
```

上記はテキストプログラムのMicroPythonで同じような処理を記述した例になります。これは理解する必要はありませんが、**ifがもしで最初の条件、最後のelseがすべての条件が一致しなかった場合、elifはelse ifの略で、それ以前の条件が一致しなかった場合に新たなif条件が一致した場合に実行する処理を指定しています。**文章で説明するよりは、ブロックやテキストプログラムで表現したほうがわかりやすいでしょう。

❶もしブロックを関数に追加します。レイアウトが下に広がったので、ボタンイベントを移動して画面に収まるように修正もしています。

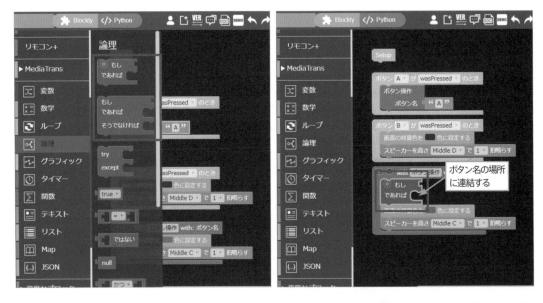

❷もしボタンAだった場合に実行する背景色とスピーカーを鳴らすブロックをであればの場所に移動します。次に、もしボタンAだった場合の条件を追加していきます。

❸もう一度論理の中身を見てみると、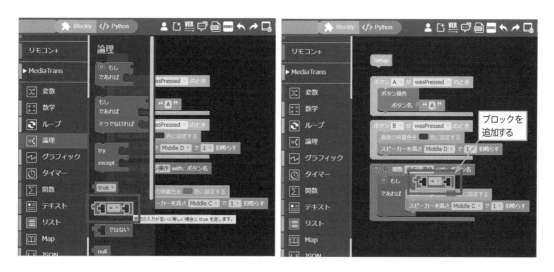 ブロックがあります。値を比較することできるブロックになります。

もしブロックに 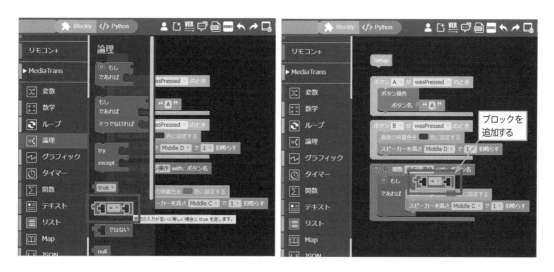 ブロックを追加しました。

比較できる条件は以下の6種類となります。

記号	条件	読み方
=	右辺と左辺が同じ場合	イコール
≠	右辺と左辺が違う場合	ノットイコール
<	右辺の方が大きい場合	小なり
≦	右辺と左辺が同じか、右辺の方が大きい場合	小なりイコール
>	左辺の方が大きい場合	大なり
≧	右辺と左辺が同じか、左辺の方が大きい場合	大なりイコール

❹今回はボタン名がAだった場合になります。

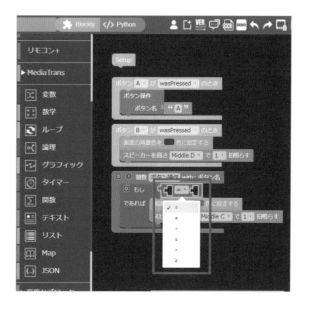

Chapter 1
Chapter 2
Chapter 3
Chapter 4
Chapter 5
Chapter 6

❺変数ブロックにブロックが追加されているので追加しました。

❻テキストブロックからブロックを追加しました。

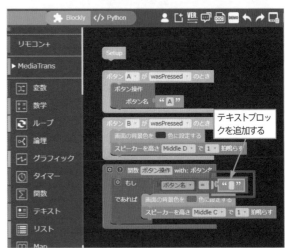

❼テキストを編集してAに変更しました。これで一度実行してみてください。ボタンAを押したときに背景色が赤くなってスピーカーから音が鳴ったでしょうか。うまく動かない場合にはAの文字列が同じものかを確認してください。

たとえばパソコンでの文字では半角と全角があり、半角の「A」と全角の「Ａ」は別の文字として認識されます。もしくは小文字で半角の「a」と全角の「ａ」も間違いやすいので注意してください。

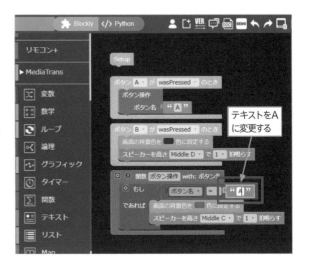

11 ボタンBの処理も追加する

Step

もしブロックの左上に設定ボタンがあるのでクリックしてみました。ここでもしの条件を増やすことができます。

❶ else if ブロックを右側にある if ブロックに設置します。

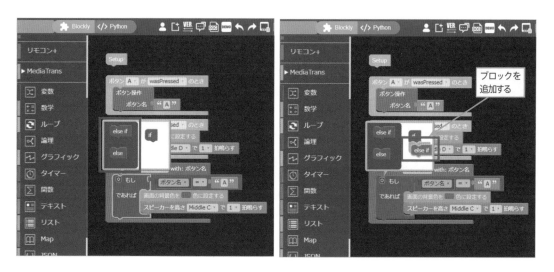

❷もしブロックが変化して、else if（そうでなくもし）の条件が増えました。ここにボタンBの条件を追加してみましょう。

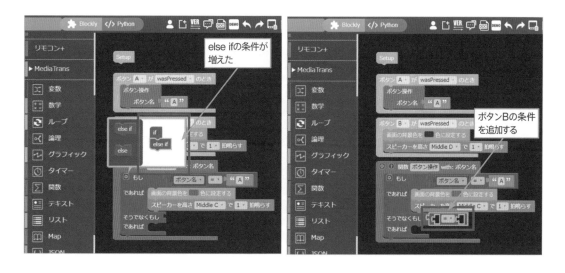

❸ ボタン名 ▼ ブロックを左側に、 " " ブロックを右側に追加しました。

❹ Bをテキストブロックに設定しました。このままではボタン名にBを指定して関数を呼び出している場所がありませんので呼び出し部分も修正します。

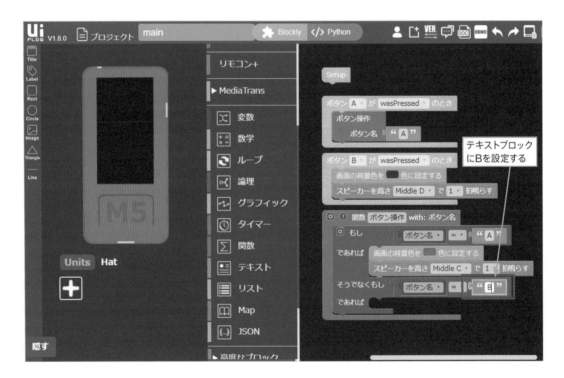

❺ボタンBのイベントブロックの中身をもしブロックのボタンBの処理に移動します。

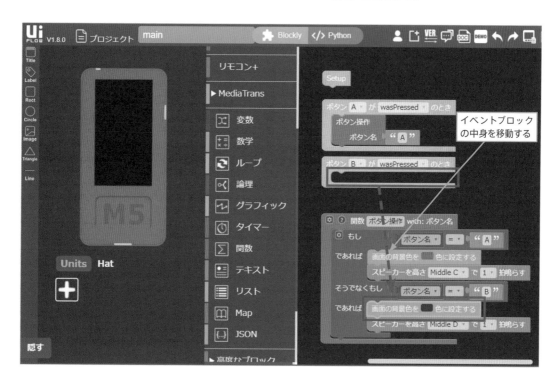

❻代わりにボタンBのイベントブロックにボタン操作関数ブロックを追加します。

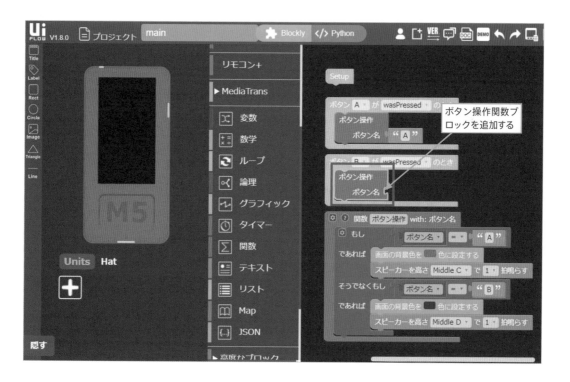

❼ボタンAのときと同じようにテキストブロックを追加します。

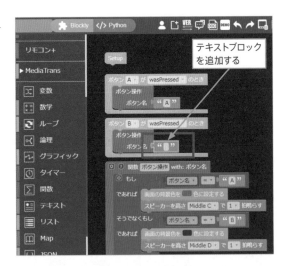

テキストブロックを追加する

❽テキストブロックの文字列をBに変更しました。

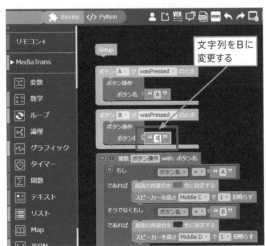

文字列をBに変更する

ここでもう一度実行して意図したとおりに動くのかを確認します。

正しく動いたでしょうか。

一見複雑そうに見えるプログラムでもはじめから作っていけば、それほど難しくないのがわかると思います。

グラフィック機能を使ってみよう

M5StickC Plusにはカラー液晶が搭載されています。
これまでは背景色を変更してきましたが、文字や図形などを描画することができます。ここでは基本的なグラフィックの使い方と、センサーなどと組み合わせた描画の方法を説明したいと思います。

画面のクリアと塗りつぶし

Chapter 5

1

画面の色を変えるブロックが複数ありますので、ブロックごとに動作の違いを確認していきます。

1-1　グラフィックのブロックを見てみる

グラフィックブロックの中に 画面をクリア と 画面を ■ 色で塗りつぶす ブロックがあります。
また、これまで使ってきた画面ブロックの中にも 画面の背景色を ■ 色に設定する があります。
同じような処理ですが、ブロックの違いを確認していきます。

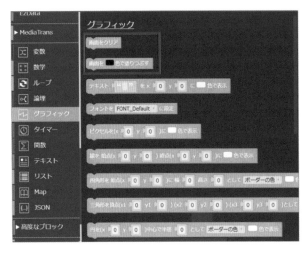

1-2　プログラムを組む

実際にプログラムを組んでみることにします。
実際のプログラムはそれほど難しくなく、手順を間違えなければさほど複雑なものではありません。

01 画面を赤にする

Step

❶グラフィックブロックの中にある 画面を■色で塗りつぶす ブロックをまず配置します。

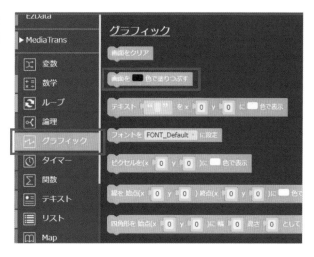

❷最初は黒が指定されていますので、変更します。

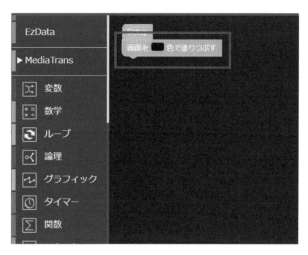

❸色の部分をクリックしてカラーパレットを表示させ色を指定します。

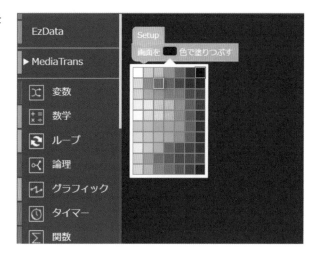

今回は赤にしてみました。このブロックは
画面の背景色を　色に設定する と同じように色が指定で
きます。

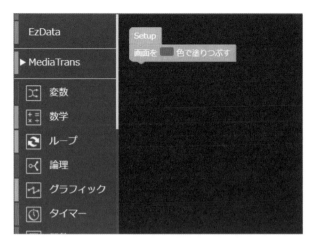

1秒停止

次に**タイマーブロック**から 1 [秒]停止 ブ
ロックを設置します。

今回は画面の色を変化させて確かめるのです
が、変化が早すぎるために1秒間の停止をさせ
ます。

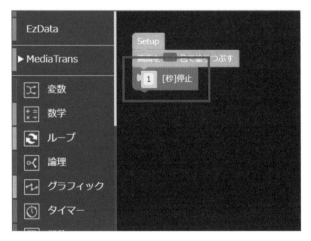

03 画面をクリアする

Step

次にグラフィックブロックの中にある
画面をクリア を設置したいと思います。

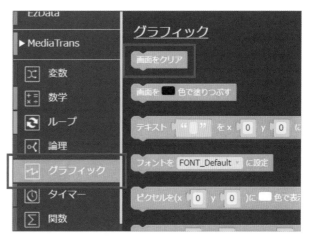

1 [秒]停止 ブロックの下に設置しました。

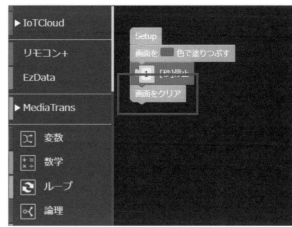

04 1秒停止

Step

タイマーブロックより 1 [秒]停止 ブロックをまた設置しました。

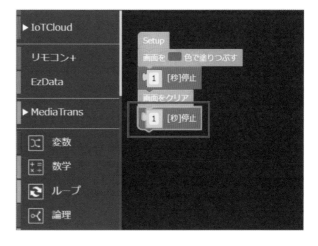

05 画面を黄色にする

Step

次は**画面**ブロックより
画面の背景色を ■ 色に設定する を設置します。

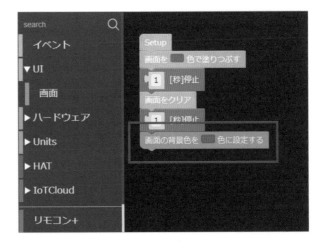

色の部分をクリックしてカラーパレットを表示させ黄色を指定してみました。

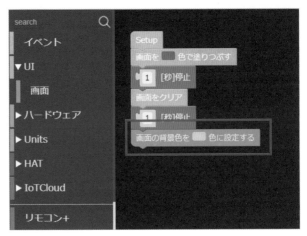

06 1秒停止

Step

タイマーブロックより 1 [秒]停止 ブロックをまた設置しました。

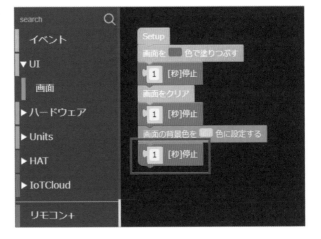

07
Step

画面を黒色にする

グラフィックブロックの中にある
画面を ■ 色で塗りつぶす を配置します。
今回は黒のままなので色の設定はしま
せん。

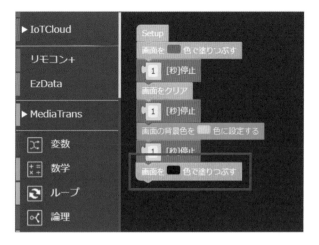

08
Step

1秒停止

タイマーブロックより 1 [秒]停止 ブロッ
クをまた設置しました。

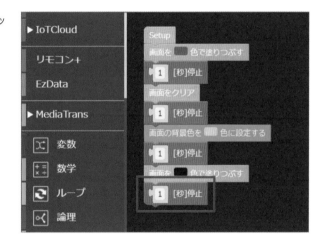

09
Step

画面をクリアする

最後にグラフィックブロックの中にあ
る 画面をクリア を設置します。すこし長
くなってしまいましたが、この状態で
実行すると画面の色はどのように変わ
るでしょうか。

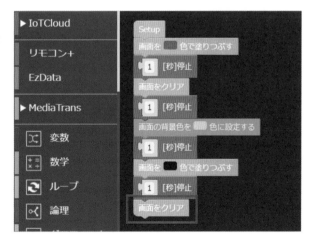

Chapter 1
Chapter 2
Chapter 3
Chapter 4
Chapter 5
Chapter 6

1-2で組んだプログラムを実行して結果を確認します。

上記が実行した画面の色の変化になります。**赤にする＞1秒停止＞クリア(黒色)＞1秒停止＞黄色にする＞1秒停止＞黒色にする＞1秒停止＞クリア(黄色)**の順で実行されました。

一回目のクリアは黒色でしたが、二回目のクリアは黄色になりました。これは画面をクリアブロックは指定された背景色で塗りつぶすからです。起動直後のデフォルトの背景色は黒色になりますので、一回目のクリアは黒色に。その後 画面の背景色を ■ 色に設定する ブロックで背景色が黄色に変更されましたので、二回目のクリアは黄色になります。

画面を ■ 色で塗りつぶす と 画面の背景色を ■ 色に設定する は同じような処理ですが、プログラムの途中で塗りつぶし色を変更しようとした場合にいろいろな場所で色を指定してあると変更漏れが出やすくなります。

なるべく 画面の背景色を ■ 色に設定する を最初に設定してから、画面を塗りつぶす場合には 画面をクリア ブロックを使うようにするといいでしょう。

Chapter 1
Chapter 2
Chapter 3
Chapter 4
Chapter 5
Chapter 6

Chapter 5

2

画面の向きとテキスト描画を行ってみる

これまでM5StickC Plusを縦にした状態で使ってきました。UIFlowでは縦にした状態以外でも使うことができます。ここでは画面を横にして、テキストを表示するプログラムをしてみたいと思います。

2-1 ブロックの確認

UIブロックの画面ブロックの中にあるブロックを確認してみます。この中に 画面の向きのモードを 0 に設定する ブロックがあります。

画面の向きはモード2がデフォルトの縦のモードで、横画面は1がよく使われます。
ボタンの位置やUSBケーブルの位置が操作しやすい方向に回転してみてください。

2-2 プログラムを組む

Chapter5-1と同じようにプログラムを組んでどのような特色があるか確認していきます。やはりプログラム自体はそれほど複雑なものではありません。

01
Step

画面を横にする

❶UIブロックの画面ブロックの中にある 画面の向きのモードを 0 に設定する ブロックを設置します。設置直後は画面の向きが0で逆さ向きになっているので、設定したいモードに変更する必要があります。

❷モードの数字をクリックして、プルダウンから1を選択します。

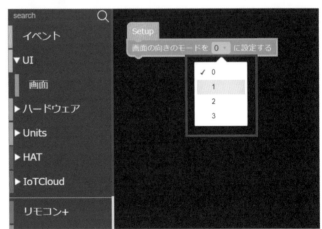

これでボタンAが左側にくる方向で横画面になります。ただし、まだなにも表示していませんので画面の向きはわかりません。

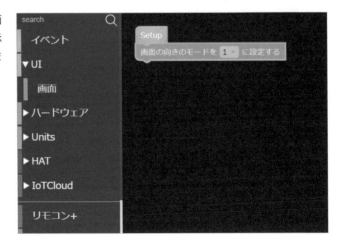

02

Step

フォントの指定

これまで**画面ブロック**の一番左にあるラベルを利用して文字を描画してきました。今回は**グラフィック**ブロックの中にある**テキストを表示ブロック**を利用します。ラベルは常に表示されている文字を描画するときには便利ですが、内容が書き換わったり、一時的に表示する場合には**グラフィックブロック**の中にある**テキストを表示する**ブロックのほうが使いやすいことがあります。

テキストに関係あるブロックは フォントを FONT_Default に設定 ブロックと テキスト を xに 0 yに 0 に色で表示 ブロックになります。

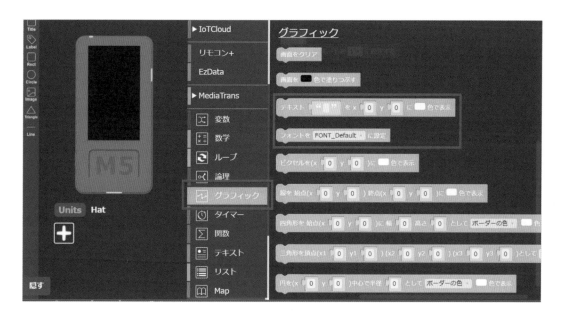

❶まずはテキストを描画する前に、
フォントを FONT_Default に設定 ブロックを設置して、
描画に利用するフォントを指定します。

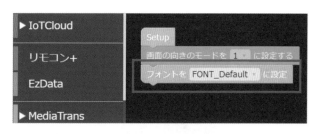

❷**FONT_Default**をクリックして、プルダウンからフォントを指定します。今回は日本語が利用できる**FONT_UNICODE**を利用したいと思います。ここで利用できるフォントはラベルで利用できるフォントと同じものになります。

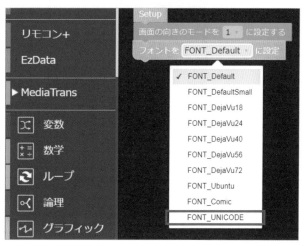

03

Step

テキストを描画

❶グラフィックブロックから

ブロックを設置します。

このブロックは4つの項目を設定する必要があります。

項目	備考
テキスト	表示する文字
x	横の座標
y	縦の座標
色	文字の色

項目の内容はラベルと同じなのですが、画面上で確認することができないのですこしわかりにくいです。

ボード	横ピクセル幅	縦ピクセル幅
M5StickC	80	160
M5StickC Plus	135	240
M5Stack系	320	240
CoreInk	200	200
M5Paper	540	960

上記は画面を縦にした場合のピクセル幅になります。ピクセルとは画面上に表示している点で、M5StickC Plusの場合には横135個のピクセル、縦240個のピクセルが並んでいることになります。画面を横にして使った場合には横が240個、縦が135個になります。また、わかりにくいのですが座標は0からはじまっています。横の座標はxで、その範囲は0からはじまって、幅より1つ小さい値までになります。

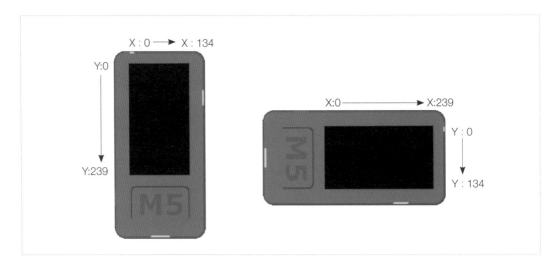

画面を縦に使った場合には一番左上の座標が(x=0, y=0)になり、一番右下の座標は(x=134, y=239)になります。画面を横に使った場合には一番左上の座標が(x=0, y=0)になり、一番右下の座標は(x=239, y=134)になります。一番左上がxでもyでも0になり、xは右にyは下に行くと数値が増えていきます。

❷「"」で囲われているテキストの部分に「テスト」という文字を入れてみました。この状態で一度実行してみます。

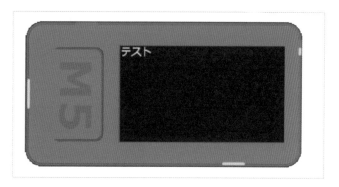

右図のように表示されたでしょうか。今回は日本語を利用しているのでフォントを**FONT_UNICODE**に設定する必要があります。また、画面の向きのモードを1に設定してあるので、ボタンAが左側に来ている方向で文字が表示されているのがわかると思います。

04
Step
文字のx座標を移動してみる
x座標を0から100に変更してみました。この状態で実行してみます。

テストの文字が横の座標が真ん中近くに移動しました。

05
Step
文字のy座標を移動してみる
y座標を0から60に変更してみました。この状態で実行してみます。

Chapter 1
Chapter 2
Chapter 3
Chapter 4
Chapter 5
Chapter 6

テストの文字が画面が真ん中近くに移動しました。UIFlowでの座標についてなんとなくわかったでしょうか。

文字の色を変えてみる
文字の色ですが、他のブロックと同じように色の部分をクリックするとカラーパレットが表示されます。

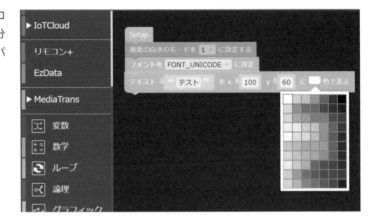

赤色を選択してみました。この状態で実行します。
右図のように文字が赤く変化したでしょうか。ラベルは常に文字を表示している場合には便利なのですが、ボタンを押した場合に一時的に表示されるような文字はテキストで表示したほうが座標や色の指定がしやすいです。用途により使い分けるようにしてください。

Chapter 1
Chapter 2
Chapter 3
Chapter 4
Chapter 5
Chapter 6

<table>
<tr><td>Chapter 5</td></tr>
</table>

グラフィックの描画を行う

3

グラフィックにはいろいろなブロックがあるので、代表的なブロックを使って利用方法を説明したいと思います。

3-1 ブロックの確認

上から4つはすでに紹介していますので、**ピクセルを表示**ブロック以下を説明したいと思います。

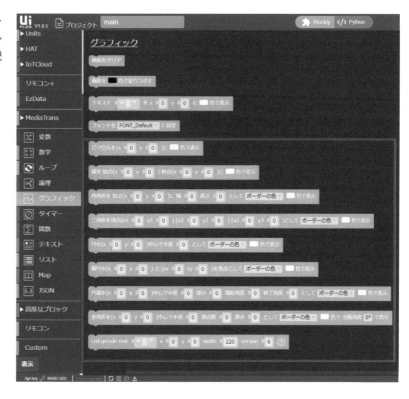

3-2 プログラムを組む

ここではステップバイステップで描画の書き方を解説していきます。

01 画面を横に設定
Step

❶先ほどと同じようにUIの画面の中にある `画面の向きのモードを 0▼ に設定する` ブロックを設置します。
設置直後は画面の向きが0で逆さ向きになっているので、設定したいモードに変更する必要があります。

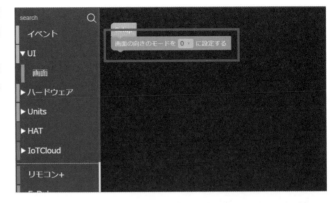

❷モードの数字をクリックして、プルダウンから1を選択します。
これでボタンAが左側にくる方向で横画面になります。

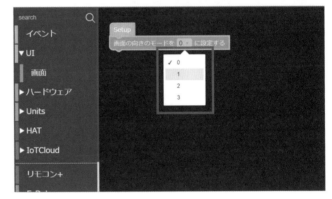

02 ピクセルを表示
Step

画面の向きのモードの下に `ピクセルを(x 0 y 0 )に ■色で表示` ブロックを設置しました。
ピクセルを表示ブロックは指定したx座標とy座標に指定した色をピクセルの点で描画するブロックになります。

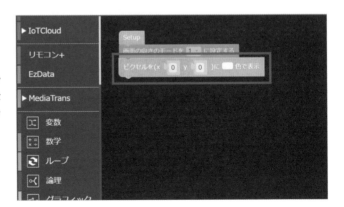

x座標を20、y座標を20、色を赤に変更しました。変更の方法はこれまでのブロックと変わりません。

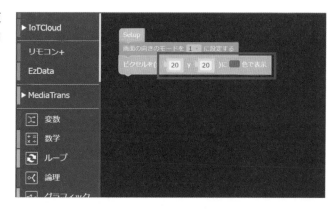

03

Step

線を表示

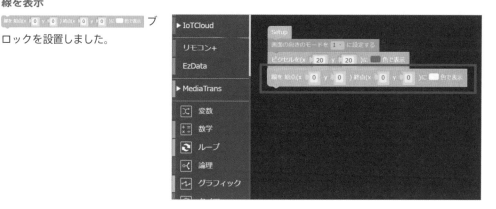

線を始点(x 0 y 0)終点(x 0 y 0)に 色で表示 ブロックを設置しました。

このブロックは始まりの座標と終わりの座標を指定して、その間に線を引くブロックになります。

線を始点(x0, y0) - 終点(x1, y1)に表示

始点のx座標を30、y座標を20、終点のx座標を50、y座標を20、色を赤に変更しました。

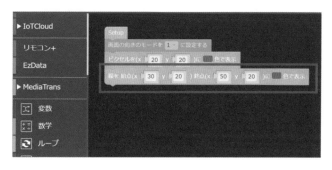

04 四角形を表示

Step

❶ `四角形を 始点(x 0 y 0 )に 幅 0 高さ 0 として ボーダーの色 色で表示` ブロックを設置しました。ブロックが横に長いので画面からはみ出てしまっています。画面左下にある隠すボタンを押してみます。

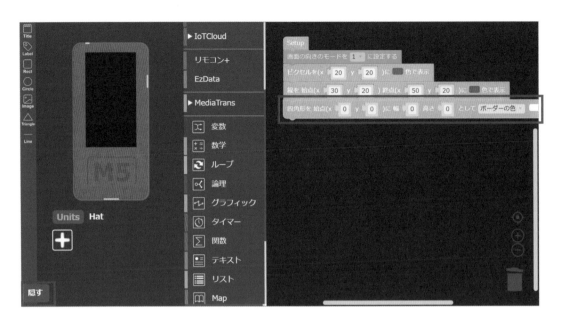

ブロックの左側にあった本体の画像部分が非表示になり、右側のプログラムエリアが広くなりました。表示ボタンを押すことで元の表示に戻すことができます。画面が狭いと思った場合には隠すボタンでプログラムエリアを広げたほうがプログラムはしやすいです。

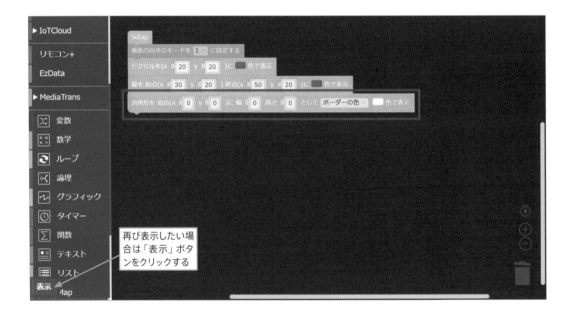

再び表示したい場合は「表示」ボタンをクリックする

140

四角形ブロックでは左上の座標と、幅と高さを指定して描画しますが、実はボーダーの色と塗りつぶしの色の2種類あります。

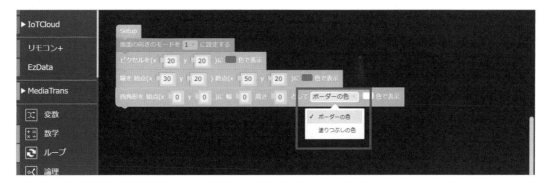

ボーダーの色を選択した場合には、四角形の外側だけが指定した色で描画されます。

四角形を支点（x, y）と幅、高さで表示（ボーダーの色）

塗りつぶしの色を選択した場合には、四角形の中身も指定した色で塗りつぶされて描画されます。

❷始点のx座標を60、y座標を20、幅を20、高さを20にしてボーダーの色を赤に変更しました。

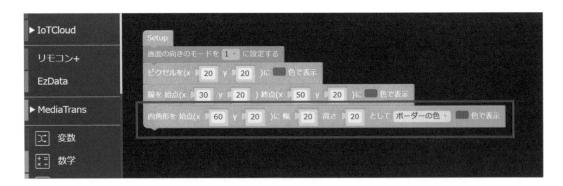

❸もう一つ 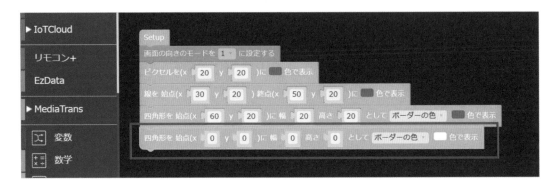 ブロックを設置しました。今度は塗りつぶしにしてみます。

❹始点のx座標を90、y座標を20、幅を20、高さを20にして塗りつぶしの色を赤色に変更しました。

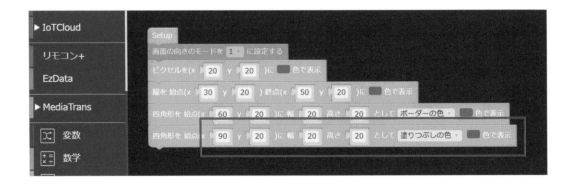

05 三角形を表示

Step

❶ ブロックを設置しました。

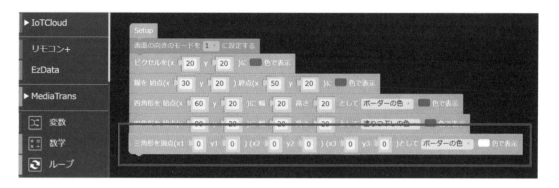

三角形を表示ブロックは3つの座標を指定して描画します。座標の順番はどの順番でもかまいません。四角形と同じようにボーダーの色と塗りつぶしの色があります。

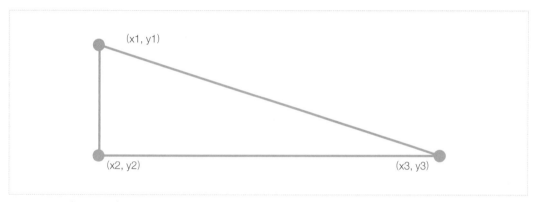

三角形を支点（x1, y1）、（x2, y2）、（x3, y3）で表示（ボーダーの色）

三角形を支点（x1, y1）、（x2, y2）、（x3, y3）で表示（塗りつぶし）

❷x1を120、y1を20、x2を140、y2を20、x3を140、y3を40にして、ボーダーの色を赤色に変更しました。

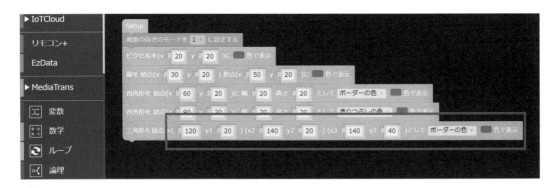

❸もう一つ三角形を表示ブロックを設置しました。今度は塗りつぶしにしてみたいと思います。x1を150、y1を20、x2を170、y2を20、x3を170、y3を40にして、塗りつぶしの色を赤色に変更しました。

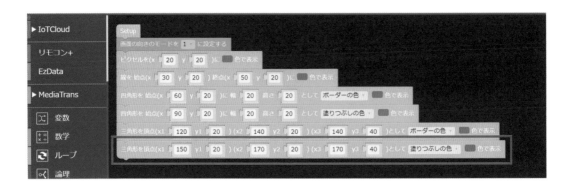

06 円を表示

Step

❶ 円を(x　0　y　0　)中心で半径　0　として　ボーダーの色　　色で表示 ブロックを設置しました。

円を表示ブロックは中心の座標と半径を指定して描画します。四角形と同じようにボーダーの色と塗りつぶしの色があります。

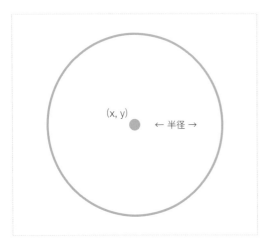

円を（x, y）に半径で表示（ボーダー）

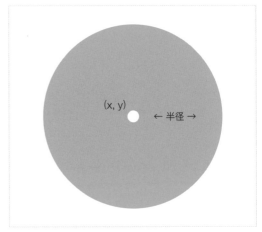

円を（x, y）に半径で表示（塗りつぶし）

❷xを190、yを30、半径を10にして、ボーダーの色を赤色に変更しました。

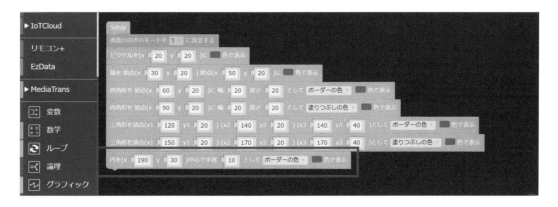

❸もう一つ円を表示ブロックを設置しました。今度は塗りつぶしにしてみたいと思います。xを220、yを30、半径を10にして、塗りつぶしの色を赤色に変更しました。

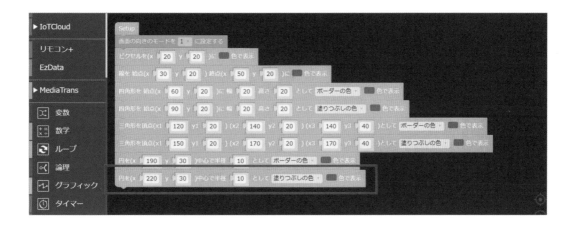

07 楕円を表示

Step ❶ 楕円を(x「0」y「0」)と(rx「0」y「0」)を基点としてボーダーの色■ 色で表示 ブロックを設置しました。

楕円は少しわかりにくいですが、円の半径の代わりに横幅と縦幅を指定します。四角形と同じようにボーダーの色と塗りつぶしの色があります。

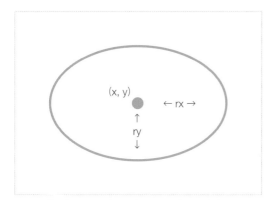

楕円を(x, y)に焦点(rx, ry)で表示(ボーダー)

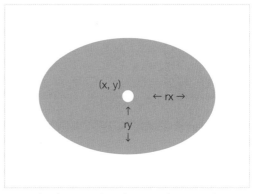

楕円を(x, y)に焦点(rx, ry)で表示(塗りつぶし)

❷xを30、yを60、rxを20、ryを10にして、ボーダーの色を赤色に変更しました。

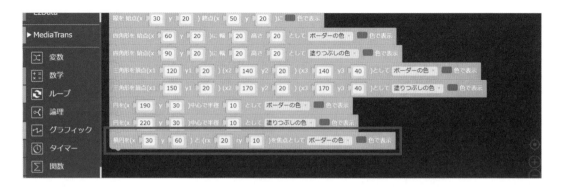

❸もう一つ**楕円**を**表示**ブロックを設置しました。今度は塗りつぶしにしてみたいと思います。
xを80、yを60、rxを20、ryを10にして、塗りつぶしの色を赤色に変更しました。

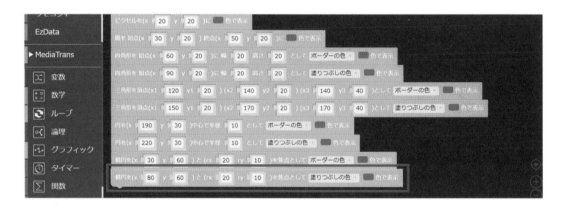

08 円弧を表示
Step

❶ 円弧を(x y 0 中心で半径 0 厚み 0 開始角度 0 終了角度 0 としてボーダーの色 色で表示 ブロックを設置しました。

円弧もわかりにくく、あまり使うことはありません。厚みのある円を描画するのですが、角度を指定して円の一部を描画することができます。四角形と同じようにボーダーの色と塗りつぶしの色があります。

円弧を（x, y）に半径と厚み、開始 - 終了角度で表示（ボーダー色)

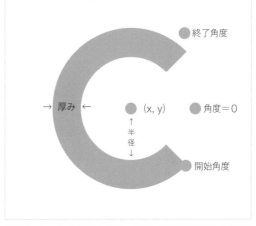
円弧を（x, y）に半径と厚み、開始 - 終了角度で表示（塗りつぶし）

❷xを120、yを60、半径を10、厚みを1、開始角度を0、終了角度を290にして、ボーダーの色を赤色に変更しました。

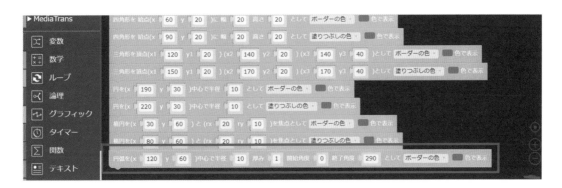

❸もう一つ円弧を表示ブロックを設置しました。今度は塗りつぶしにしてみたいと思います。
xを150、yを60、半径を10、厚みを1、開始角度を0、終了角度を290にして、塗りつぶしの色を赤色に変更しました。

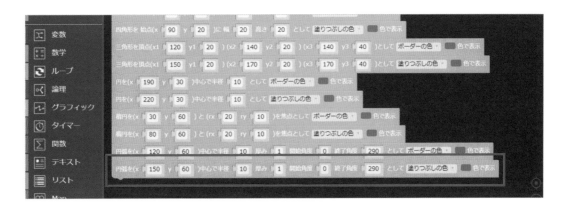

Chapter 1
Chapter 2
Chapter 3
Chapter 4
Chapter 5
Chapter 6

09 多角形を表示

Step

❶ 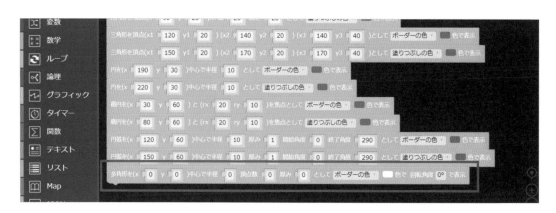 ブロックを設置しました。

多角形も非常にわかりにくいです。円弧に近いのですが回転角度から多角形を描画します。六角形などをかんたんに描画することができます。四角形と同じようにボーダーの色と塗りつぶしの色があります。

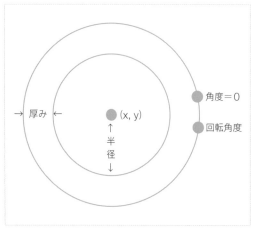

多角形を（x, y）に半径と厚み、頂点数で表示（ボーダー）

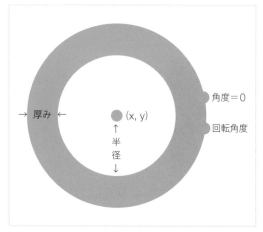

多角形を（x, y）に半径と厚み、頂点数で表示（塗りつぶし）

❷ xを180、yを60、半径を10、頂点数を6、厚みを1、回転角度を0°にして、ボーダーの色を赤色に変更しました。

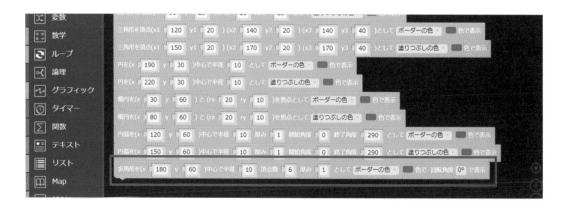

❸もう一つ**多角形を表示**ブロックを設置しました。今度は塗りつぶしにしてみたいと思います。xを210、yを60、半径を10、頂点数を5、厚みを1、回転角度を45°にして、塗りつぶしの色を赤色に変更しました。

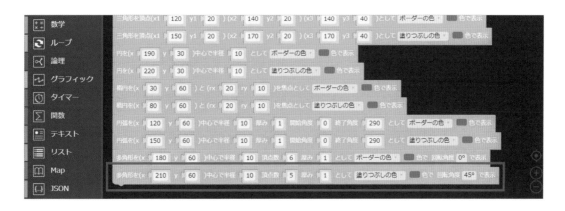

10 実行してみる

Step

下図が実行結果です。実際のブロックと実行結果を見比べてみてください。また、塗りつぶしを行った場合には一番外側は現在白で描画されるようです。実際にはピクセル、線、四角形や円などの一般的な形以外はあまり使うことはないと思います。

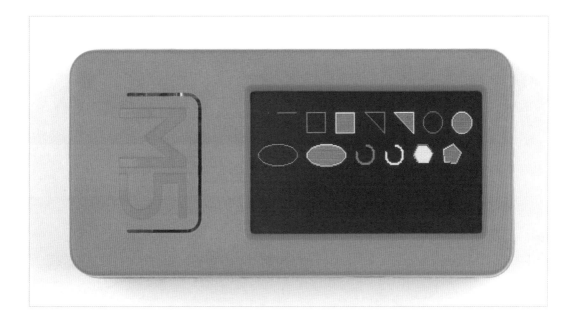

11

Step

QRコード表示

グラフィックの一番下にあるブロックでQRコードを表示することができます。他のブロックとは少し動作が異なりますので個別に紹介したいと思います。

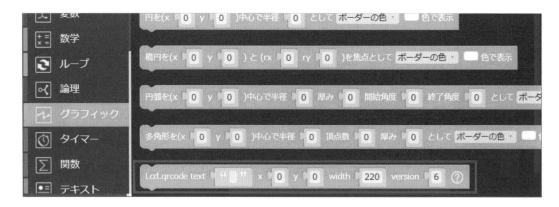

❶QRコードを表示ブロックを設置しました。

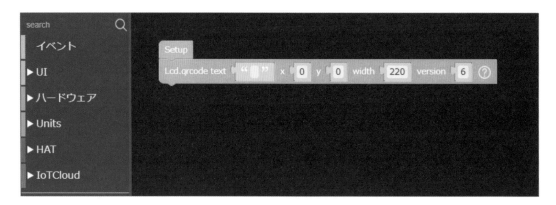

設定できる項目が5つあります。

項目	備考
text	QRコードに埋め込む文字
x	横の座標
y	縦の座標
width	QRコードの幅
version	QRコードのバージョン

textはQRコードを読み込んだときに表示される文字列になります。URLなどをスマートフォンなどのブラウザで開く場合などに利用します。xとyは表示される座標なのでわかりやすいのですが、QRコードの幅とQRコードのバージョンが少しわかりにくいです。

幅は基本的には画面いっぱいに表示したほうがQRコードの読み込みが成功しやすいです。

ボード	最大幅
M5StickC	80
M5StickC Plus	135
M5Stack系	240
CoreInk	200
M5Paper	540

上記が各ボードで指定できる幅の最大数です。QRコードは正方形のため、狭い方の画面のピクセル幅が上限となります。QRコードのバージョンはわかりにくいのですが、1から10までを指定することができます。バージョンの数値を小さくすると埋め込みができる文字数が減るのですが、認識しやすくなります。デフォルトはバージョン5で、約100文字を埋め込むことができます。あまり長い文字は埋め込まず、5以下のバージョンで利用すると認識しやすいと思います。

❷textにUIFlowのURLは「https://flow.m5stack.com/」とし、幅を120に設定しました。**M5StickC Plusでは135までの幅が設定可能**です。

画面上にQRコードが表示されますのでスマートフォンで読み取ることでURLを開いたり、文字を転送することなどが可能です。ただし、M5StickCなどの画面が小さいボードでQRコードを表示すると非常に認識が難しいです。スマートフォンなどのQRコード認識アプリケーションなどで拡大機能がある場合には、拡大機能を利用すると認識しやすくなると思います。

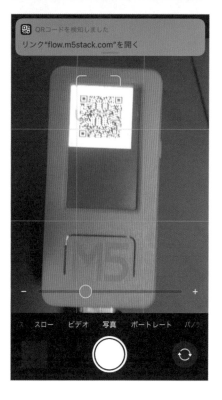

Chapter 1

Chapter 2

Chapter 3

Chapter 4

Chapter 5

Chapter 6

Chapter 5

4

加速度計で遊んでみよう

加速度計とはデバイスが動いているかを計測するためのセンサーです。加速度を使うとどの方向に動いているのかを測定することができます。また、ジャイロと呼ばれるどの方向に回っているのかを測定するセンサーと合わせて、どのような動きをしているのかを計測することができます。

4-1 　加速度センサーとはどんなものか確認

ハードウェアの中に加速度&ジャイロがあります。いろいろあるのでラベルに表示しながらどんな値かを確認していきましょう。

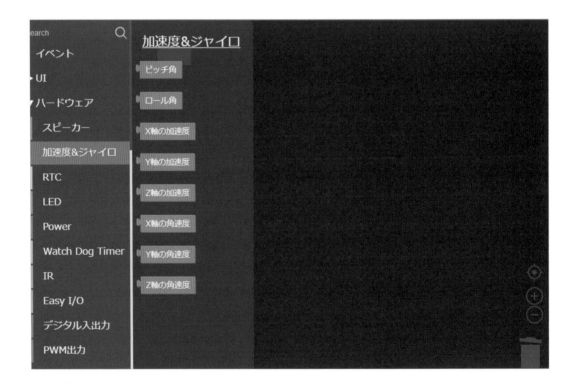

01 ラベルの設置

❶一番左からLabelをドラッグして、画面上に設置します。

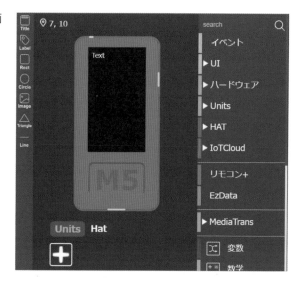

❷画面の上にもってくると左上には座標が表示されます。この座標をたよりにラベルを8つ並べます。

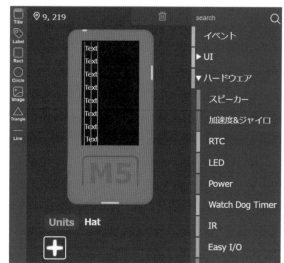

❸ラベルを並べるときに、既存のラベルとの位置関係を表す縦線も表示されますので参考にして並べます。

きれいに並べたい場合には、ラベルをクリックして座標を直接入力してみてください。ただし、ここでは確認用のため、それほどきれいに並んでいる必要はありません。

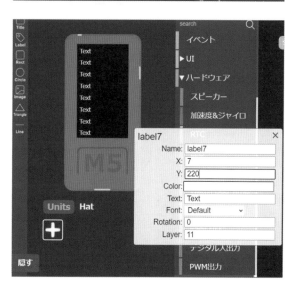

02
Step

ループの作成

まずはずっとブロックを使って更新するためのループを作ります。このずっとの中にラベルを更新する処理をいれていきます。

03
Step

1つ目のラベルの更新処理

❶ラベルブロックの一番上にある ラベル label0 に " Hello M5 " を表示 ブロックを使い、ずっとブロックの中に設置しました。

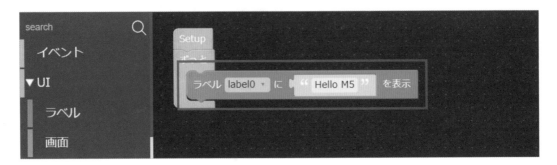

ラベルをクリックすると0から7までの8種類あります。設置したラベルの一番上が0になります。

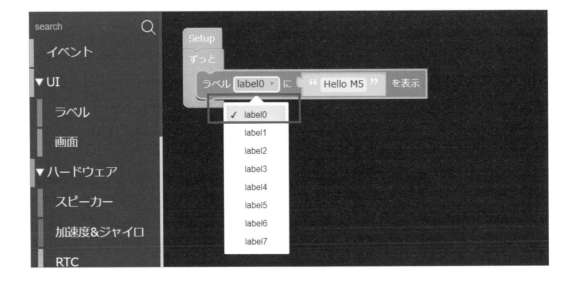

ラベルの名前はクリックすると表示することも可能です。名前の変更も可能ですので、たくさん増えてきた場合には変更したほうがわかりやすいと思います。今回は一番上のラベルを更新するのでlabel0のままにします。

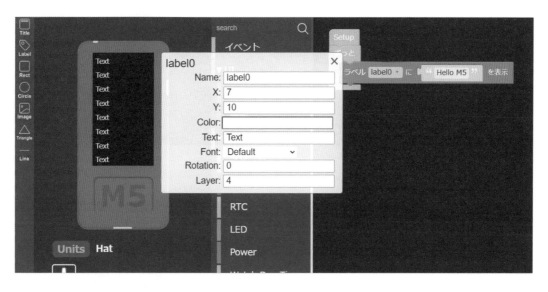

❷次にハードウェアブロックの中にある加速度＆ジャイロブロックを見てみます。ここにあるブロックを上からラベルに反映していきたいと思います。

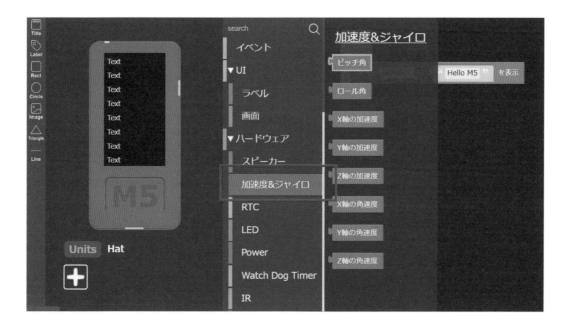

一番上にある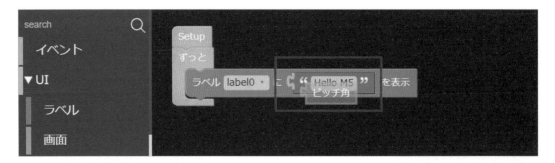ブロックをドラッグして、"Hello M5"と書いてある場所に設置します。

これで一番上のlabel0にピッチ角が表示されるようになります。

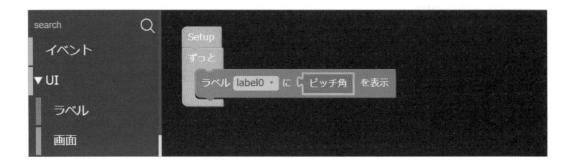

04 2つ目のラベルの更新処理

❶1つ目と同じように ラベル label0 に Hello M5 を表示 ブロックを設置します。

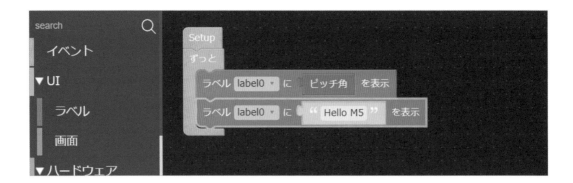

❷ラベルをクリックして、今度はlabel1を選択します。

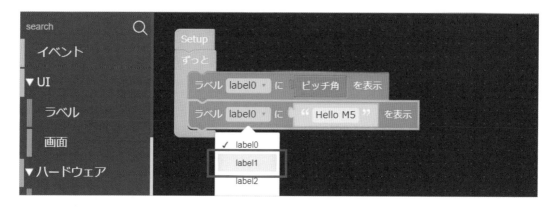

2番目の ロール角 ブロックをドラッグして、"**Hello M5**" と書いてある場所に設置します。これで2つ目のラベルはロール角が表示されるようにしました。

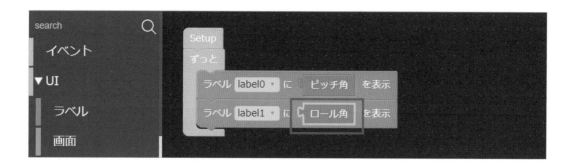

05
残りのラベルの更新処理

Step
すべての加速度&ジャイロブロックをラベルに表示するようにしました。この状態で各数値の動きを確認していきます。

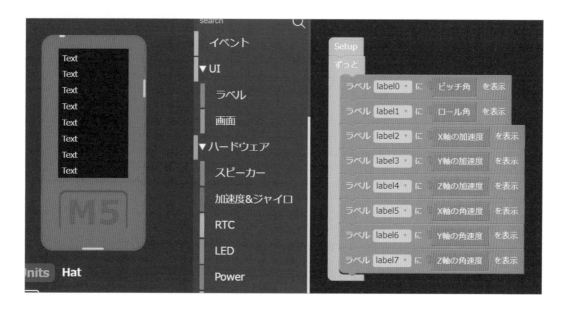

Chapter 1

Chapter 2

Chapter 3

Chapter 4

Chapter 5

Chapter 6

まず1番目のピッチ角と2番目のロールは飛行機などで使われる角度の表し方で、画面を地面に対して水平にしたときに両方とも0になります。ピッチは画面を上に持ちあげるとプラスになり、下げるとマイナスになります。ロールは左右への傾きになります。右に回転するとプラス、左に回転するとマイナスです。両方とも概ね-180から180ぐらいまでの値が取得できます。誤差があるのでそこまで厳密な角度は測定できません。

3番目から5番目の加速度は本体を前後や左右、上下に動かしたときに増減します。6番目から8番目までの角速度(ジャイロ)はピッチやロールなどのように回転した場合の速度を計測しています。加速度と角速度は非常にわかりにくいので、のちほど説明します。

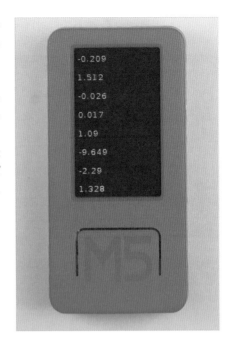

4-2　グラフ化してみる

加速度や角速度などのように変化していく値を確認する場合にはラベルは適していません。動かしているときにその値を読み取ることはできないからです。変化している状態を描画して確認するほうがわかりやすいです。
M5StickC Plusの画面は横135ドット、縦240ドットあります。左上の座標が(0,0)で右下の座標が(134, 239)になります。
今回は縦にセンサーの値を移動しながら描画していきます。横方向の中央の座標は134/2で67になります。67を中心にして、縦に移動しながらセンサーの値がプラス、マイナスどのように変化しているのかを確認できるものを作っていきたいと思います。

01 保存と新しいプログラム

Step

❶必要であれば右上のメニューの中にある**保存する**機能を使ってラベル表示を保存します。

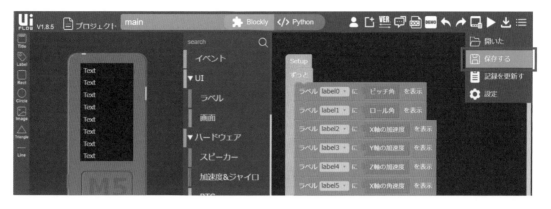

❷**NEW FILE**のボタンを押して新しいプログラムを作る準備をします。

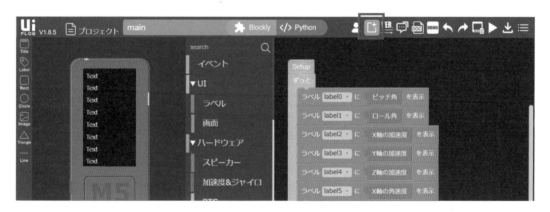

❸先ほど保存しているので、**Create but don't save**で新しいプログラムを開きます。**Save the file and create**を選択することで、ここで保存をしてから新しいプログラムを開くこともできます。

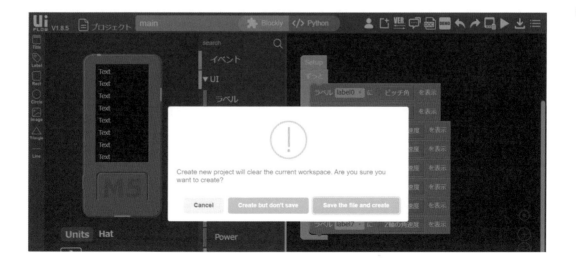

Chapter 1
Chapter 2
Chapter 3
Chapter 4
Chapter 5
Chapter 6

02 ずっとループ
Step

新しいプログラムになったので、**イベント**ブロックから**ずっと**ブロックを設置します。

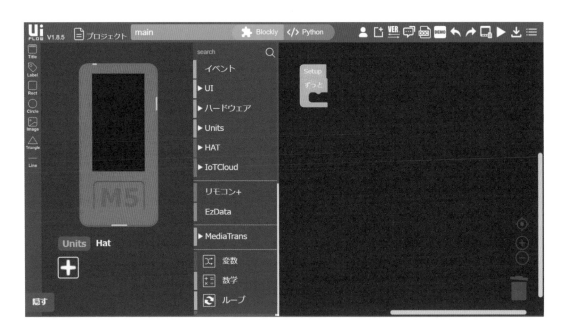

03 変数の作成
Step

❶変数より、**変数の作成…**で変数を作成します。

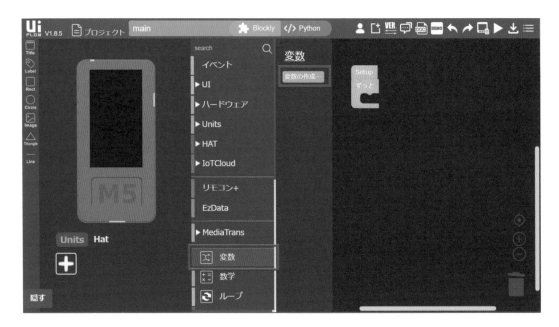

❷変数の名前は「描画Y座標」にします。入力が面倒な場合にはYなどの短い名前でもかまいません。

OKを押すと変数が作成されました。

Chapter 1
Chapter 2
Chapter 3
Chapter 4
Chapter 5
Chapter 6

04 ピクセルの設置

Step グラフィックからピクセルを表示ブロックを設置します。このままだと描画する座標が固定なので変化するようにします。

05

Step

ピクセルのY座標を変数にする

❶変数より**描画Y座標**をドラッグして、ピクセルのY座標に設置します。

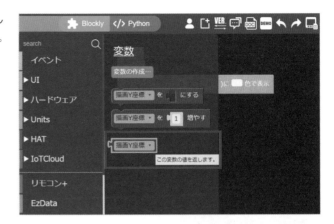

これでY座標が変数で変更できるようになりました。

❷この状態で動かしてみるとエラーが表示されます。
Can't convert NoneType to intと表示されています。
UIFlowのエラー画面は英語なのでちょっとわかりにくいです。これは**描画Y座標**の変数が数字ではないというエラーになります。

06

Step

描画Y座標の変数を初期化

❶変数の `描画Y座標 ▼ を ┃ にする` ブロック
を使います。

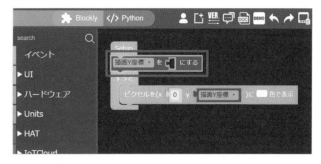

❷最初に一回だけセットしたいのでずっと
ブロックより上に設置します。**Setup**とず
っとブロックの間に、実行してから最初に1
度だけ実行したいブロックを設置します。

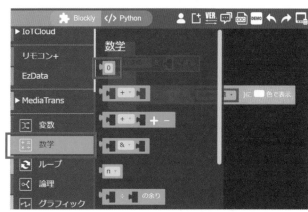

❸数字の中にある0のブロックを設置します。

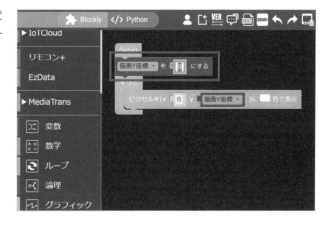

これで好きな数値に**描画Y座標**の変数を変
更できるようになりました。今回は画面一
番上から描画したいので0のままにします。

Chapter 1

Chapter 2

Chapter 3

Chapter 4

Chapter 5

Chapter 6

07 縦に移動する

Step

❶描画Y座標の変数を変更して、縦に移動したいので `描画Y座標▾ を 1 増やす` ブロックを使います。

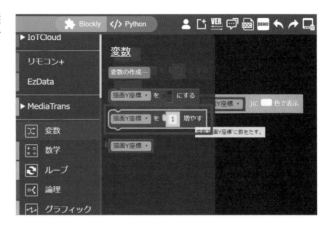

❷ピクセルの下に設置しました。

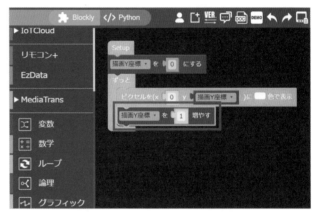

❸動かしてみると、少しわかりにくいですが一番左に縦に白い線が描画されています。M5StickC系は画面一番端は画面に隠れていてよく見えないことがありますので、気をつけてください。

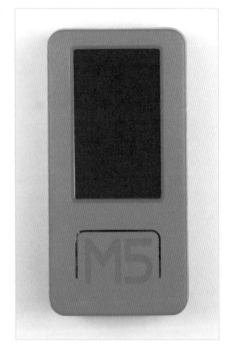

08 横を中央に持ってくる

Step

❶ピクセルのx座標を67に変更しました。

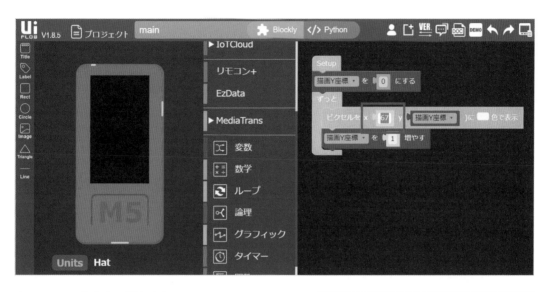

❷これで画面横中央に縦線が引かれるようになったと思います。次に横に動かしていきます。

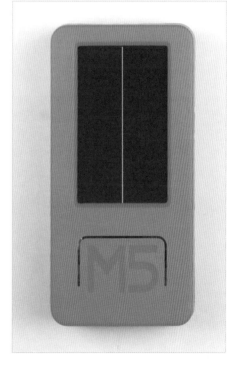

09 加速度

Step

❶まずはX軸の加速度を使って横に動かしてみたいと思います。

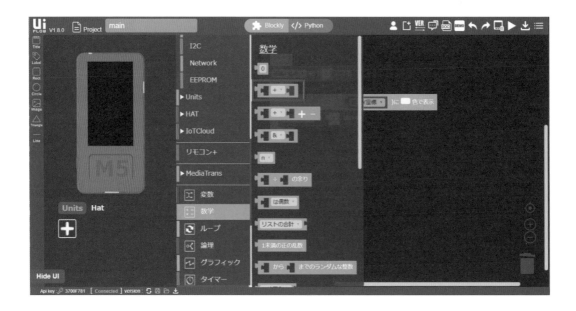

❷横に動かすためには67とX軸の加速度を足し算してあげる必要があります。数学ブロックの中に計算をする
ブロックがあるのでこれを使います。

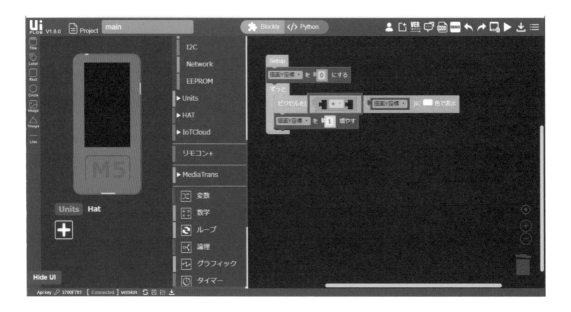

❸67の上に設置したところ、数値が消えて
しまいましたので、数学から**数値**ブロック
を持ってきて、67を設定しました。

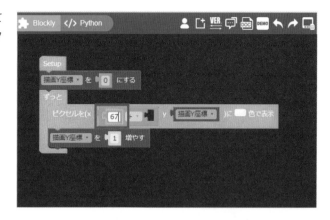

❹右側に**X軸の加速度**を設置しました。こ
れで67を中心にしてX軸の加速度を加味し
た線が引けそうですね。この状態で動かし
てみます。

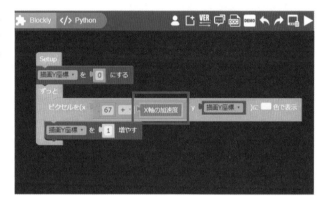

画面上**can't convert float to int**とエラーが表示されたと思
います。ちょっとわかりにくいのですが、float(小数点付き数値)
からint(小数点無し整数)に変換できないとあります。

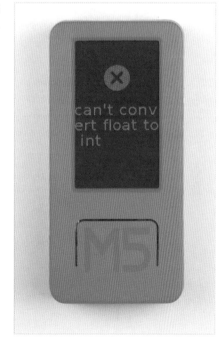

❺数学の中に整数に変換するブロックと小数に変換するブロックがあります。今回は小数点付きの数値から小数点の無い整数に変換してあげる必要があります。

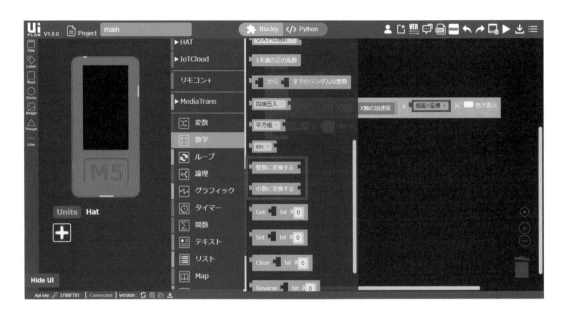

❻整数に変換するブロックを追加しました。これで動かしてみます。実行すると上から線が引かれると思いますので、線が動いているときに左右に動かしてみてください。線が下まで移動してしまった場合には、実行しなおすことで再度試すことが可能です。

ただし、動かしてみるとあまり変化が無いようです。実は加速度は物が落下しているときの動きが1となり、1G(ジー)と呼びます。ジェットコースタなどでも最大4G前後ですので、グラフへの変化が小さすぎます。

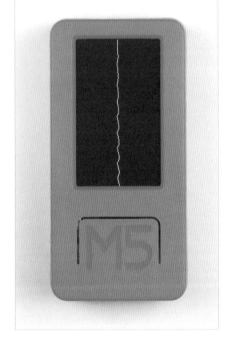

10 変化量を大きくする

Step

❶加速度の変化量が少ないので、掛け算をして変化量を増やしたいと思います。一度X軸の加速度ブロックを外します。

❷数学の中にある ブロックを設置します。

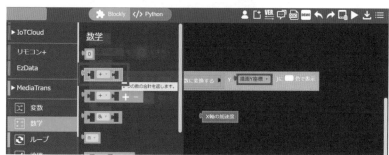

設置しました。

❸計算ブロックの中にX軸の加速度を設置しました。

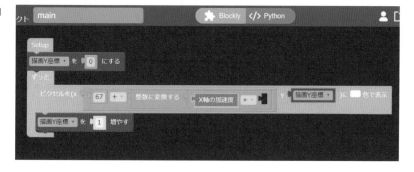

Chapter 1

Chapter 2

Chapter 3

Chapter 4

Chapter 5

Chapter 6

プラスの部分をクリック
して、掛け算の×を選択
します。

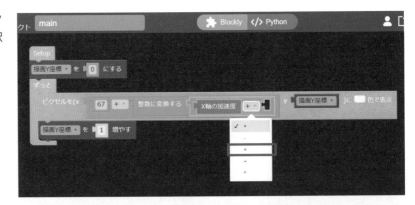

数学から0のブロックを
設置して、30に変更しま
した。これでX軸の加速
度が30倍されました。

画面一杯まで変化が広がったと思います。

がんばって画面を振っていると、左右に線が描画されることがあります。これはこの加速度計の上限値を表します。今回中心座標が67で、一番左の座標が0のため中心から60ぐらい左右に移動した場所が上限となります。今回は30倍しているので、加速度の範囲は-2から2までの範囲というのがわかります。

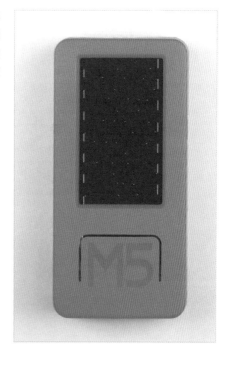

11 リセットボタンを付けてみる

Step

ボタンAを押すと画面をクリアして、描画Y座標を0に変更する処理を追加してみました。これで描画が完了したあとにボタンを押すことでまた描画を開始することができるようになります。

12 他の軸を確認

Y軸の加速度ブロックに変更してみました。

Step

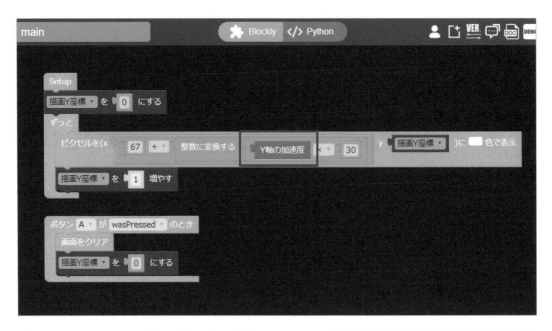

ボタンAを下にして立てた状態で本体を上下に移動させたときの画面です。上下に移動したときの加速度が反映されていると思います。ただしちょっとグラフが右にずれていると思います。

これは加速度計は地面に対して常に1Gの力で引っ張られていることを表します。重力に相当するのですが、下向きに1Gが常に加算されているのでグラフが右にずれています。

Z軸もいろいろ動かしながらどの方向に動かせばグラフに反映するのかを確認してみてください。

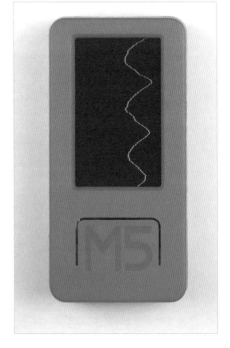

13 角速度を試してみる

Step

X軸の角速度ブロックに入れ替えてみました。そのまま動かすと移動量が大きすぎるので、30倍から0.5倍と変化量を減らしています。

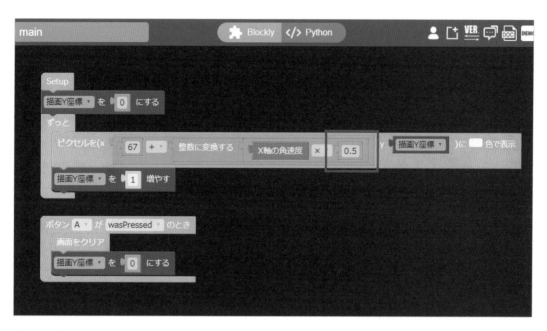

ピッチ方向に本体を回転させると右記のようなグラフとなりました。X軸以外のY軸やZ軸でも試してみて、どの方向に回転させると反応するのかを調べてみてください。

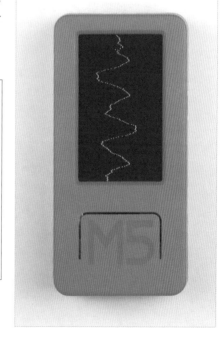

> **MEMO**
>
> **角速度**
> 角速度とはジャイロとも呼ばれ、回転をする速度をあらわします。加速度はX軸(左右)、Y軸(上下)、Z軸(前後)に対する移動速度で、角速度(ジャイロ)は各軸に対してどれぐらいの速さで回転しているのかを表します。
> 回転方向に関しては、飛行機などで使われている用語がよく使われます。飛行機が飛んでいるときに左右に傾く回転がロール、上昇するときなどに前後に傾く回転をピッチ、飛んでいる方角をヨーといいます。M5StickC Plusではヨーについては取得できません。これは方位磁石などを使って北を判定する必要があるのですが、M5StickC Plusではでは電子コンパスなどと呼ばれる方向を測定するためのセンサーを内蔵していないためです。

Chapter 1
Chapter 2
Chapter 3
Chapter 4
Chapter 5
Chapter 6

14
Step
速度を遅くする

先程までは描画が早すぎていろいろ試すのが難しかったと思います。その場合にはタイマーの中にある**ミリ秒停止**ブロックを使います。数値を変更することでグラフの描画速度を変更することが可能です。

一般的にピッチやロールは比較的遅くても構いませんが、加速度や角速度はある程度以上の速度でないときれいなグラフにはならないと思いますのでいろいろ数値を変えて試してみてください。

15
Step
自動リセット

もしブロックを追加しました。画面一番下の座標である239を超えた場合である240になったら、ボタンAのイベントの中にあったリセットする処理を実行します。これでグラフが一番下まできたら自動リセットされて一番上から描画が再開されるようになるはずです。

ユニットを使って機能を拡張してみよう

M5Stackには膨大なユニットが発売されており、またこれからも色々なユニットが追加されるでしょう。
そのすべてを解説するのは本書では行うことはできませんが、とっかかりとしていくつかのユニットのプログラムの組み方を紹介します。

ユニットで拡張してみよう

Chapter 6

1

M5Stackのボードはさまざまな機能が最初から内蔵されていますが、さらにユニットをケーブルで接続することで機能を拡張することができます。ここでは代表的なユニットの使い方を紹介したいと思います。

1-1 拡張方法

M5Stackのボードは外部にセンサーなどを接続することで機能を拡張することができます。

■ ユニット

一番基本的な拡張方法で、専用のケーブルで接続するだけですのでかんたんに利用が可能です。M5StickC Plusで使ったユニットを、他のM5Stack BASICなどのボードにケーブルで接続しなおすだけで使い回しができます。

右の写真はM5StickC Plusに気温や湿度などを計測するENV IIIユニットを接続してあります。

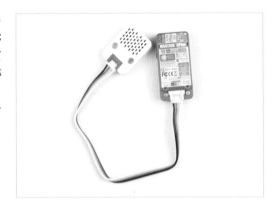

■ ハット

M5StickC、M5StickC Plus、CoreInkは頭の部分に接続することができるハットと呼ばれる拡張方法があります。ユニットのケーブルの中身は4本で接続されていますが、ハットは全部で8本が接続されています。本体と一体化しており、接続されている本数も多いためより拡張が可能なのですがM5Stack Core系などでは利用ができません。

ハットの種類もユニットよりは少ないので、基本的なユニットをまずは利用するのがおすすめです。

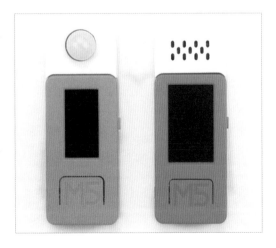

■ モジュール

M5StackのStackの部分がこのモジュールを意味しています。積み重ねるという意味のスタックで、ブロックのように本体の間に複数のモジュールを積み重ねることができます。

ただし、特殊な機能のモジュールが多いのと、Core系とCore2系で利用できるモジュールの種類が違ったり、M5StickCなどではモジュールは使えませんのであまり利用されていません。

上の写真はUSBマウスやキーボードを接続できるようになるモジュールです。モジュールをボードの間に追加したので、厚みが増しています。

1-2　ポートの種類

ユニットはすべて同じような形をしていますが、ボードとの通信方法は3種類あります。接続に利用するケーブルはすべて同じなのですが、ユニットにより接続先のポートが異なるので注意してください。

ユニットがどの通信方式を利用していて、どこに接続すればいいのかはユニット側のコネクタを見ることでわかります。3種類の色がありますので、ボード側の同じ色のコネクタにケーブルで接続することになります。

気温、湿度、気圧を測定するENV III　　ボタン入力をするボタンユニット　　指紋認証をする指紋センサユニット
ユニット

ボードごとのPort

対象ボード	PortA	PortB	PortC
M5Stack Basic	○	—	—
M5Stack Gray	○	—	—
M5GO	○	○	○
M5Stack Fire	○	○	○
M5Stack Core2	○	—	—
M5Stack Core2 for AWS	○	○	○
M5StickC	△	△	△
M5StickC Plus	△	△	△
ATOM Matrix	△	△	△
ATOM Lite	△	△	△
M5Stack CoreInk	△	△	△
M5Paper	△	△	△

□ 色付きのポート搭載ボード

ユニットと同じ色のポートにケーブルで接続します。M5Paperのみはポートに色はついていませんが、裏面にある説明欄に色があります。

M5Stack BASICには赤いポートしかありませんので、接続できるユニットも赤いものだけになります。

M5Stack Core2 for AWSには3色のポートすべてあります。ユニットと同じ色のポートにケーブルで接続してください。

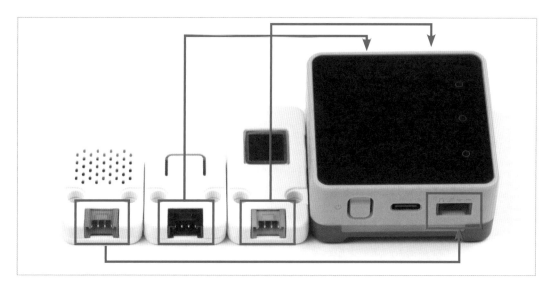

M5Paperはポートに色はついていないのですが、裏側にポートの名前と色が表示されていますので、ユニットの色と同じ色のポートに接続してください。

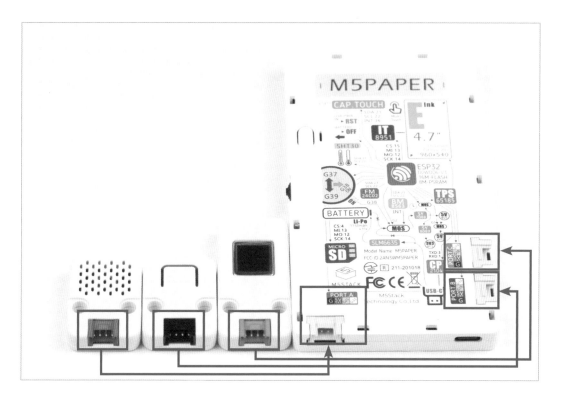

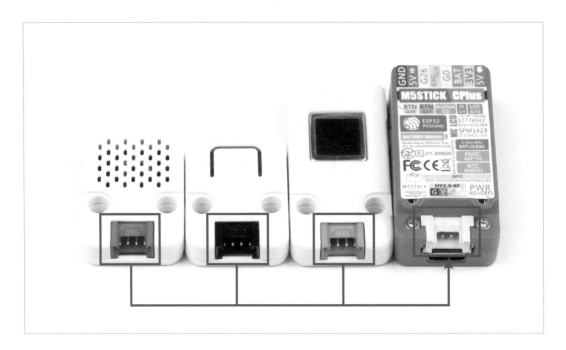

■ **1つしかポートを搭載していないボード**

ポートが一つしかないボードはどの色のユニットも接続が可能です。ただし、同時に利用できる色は一つですので、通常は赤と青のユニットを同時に利用することなどはできません。

UIFlowでのユニット追加方法

2

UIFlowでユニットを使う場合には、ボードにケーブルでユニットを接続するとともに、UIFlowでもユニットを登録する必要があります。ユニットの自動認識はされませんので、事前に追加するのを忘れないでください。

2-1 ユニットの追加方法

ここでは気温や湿度を計測することができるENV IIIユニットを利用する場合の方法を紹介したいと思います。ユニット自体の細かい利用方法はのちほど解説しますので、UIFlowで利用するための大まかな流れを説明します。

まずはENV IIIユニットのコネクタの色を確認します。赤なのでPortAに接続します。しかしM5StickC Plusは1つしかポートがありませんので、どの色のユニットも接続が可能です。右図のようにユニットに付属しているケーブルで本体とユニットを接続しておきます。

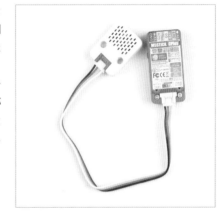

01
Step

Unitsを表示する
UIFlowの画面で、本体の絵の下に**Units**や**Hat**があるので、**Units**を選択してから+をクリックします。

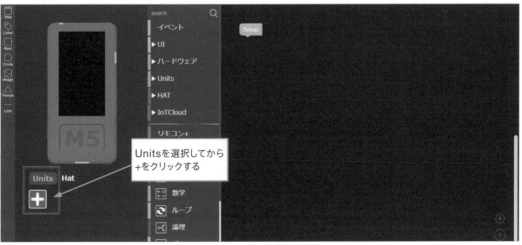

Unitsを選択してから
+をクリックする

ユニットの一覧が画面に表示されます。

追加したいユニットを選択

Step
ためしに **ENV III** を選択してみました。コネクタが赤いので PortA に接続するタイプのユニットになります。下に接続するポートの選択肢が追加されました。

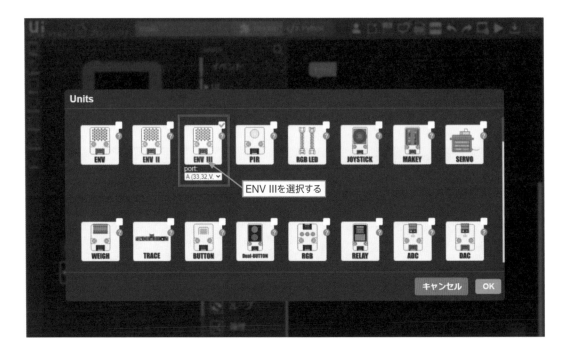

中を確認してみると**A(32, 33, V, G)**と**PAHUB**、**Custom**が選択可能です。PortAのPortの部分が省略され、Aと表記されています。Aの後ろにある数字はM5StickC Plusの裏側のコネクタの部分に書いてある番号になります。この番号はUIFlowでは意識しなくても問題ありません。

Customは本体上にある端子を利用して接続する場合などに利用する上級者向けの設定です。M5StickC Plusの場合には3つの端子が利用可能ですが、端子によって使える用途が異なりますのでこの書籍では割愛します。

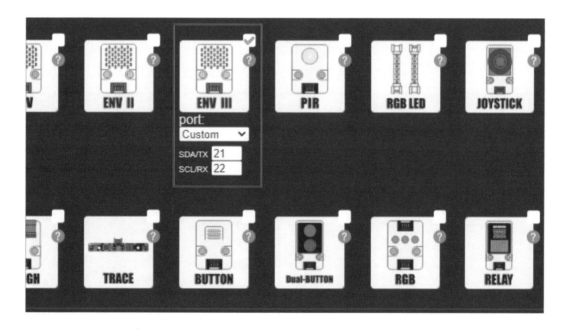

03
Step

Unitsの追加を確定する

OKボタンを押して追加することで、画面左下に**ENV III**のユニットが追加されています。また、**Units**
の中に環境ブロックも追加されているのがわかります。

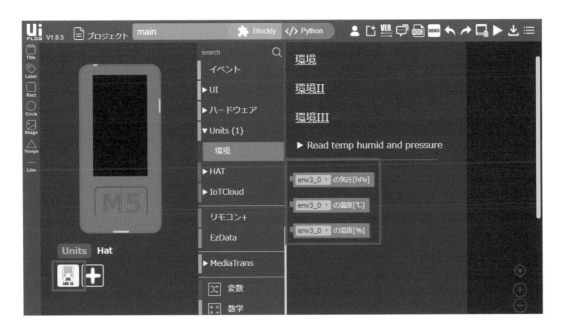

04
Step

ブロックの利用例を見る

環境ブロックの一番上に環境、環境II、環境IIIがあります。これはENV系ユニットが過去ENV、ENV
II、ENV IIIと3種類発売されているので、それぞれ指します。外見と機能と使い方は同じなのですが、
中に入っているセンサーの種類が若干異なります。

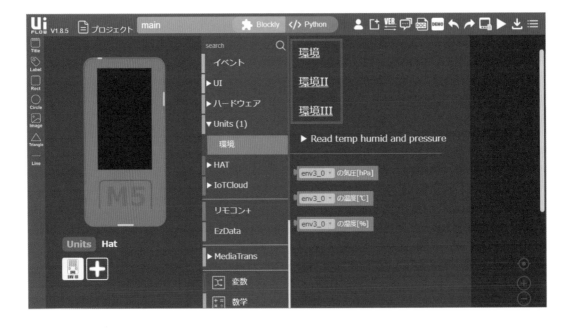

ユニット名の場所はリンクになっており、クリックすると英語の製品別ページにジャンプします。

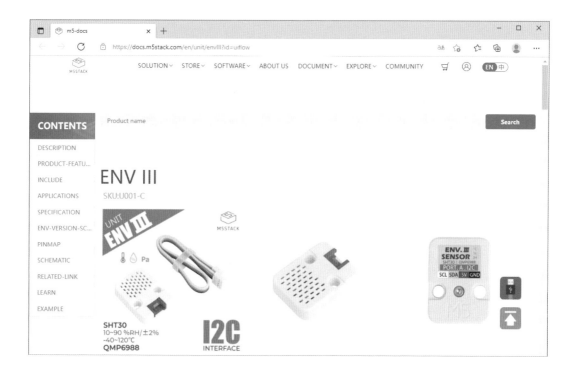

リンクの下には**Read temp humid and pressure**があります。**すべてのブロックにあるわけではありません**、ここをクリックするとブロックの利用例が表示されます。英語で書いてありますが、気温と湿度、気圧の読み取り例になります。

これでユニットをUIFlowから利用できる準備が完了しました。

2-2 シリアル出力の確認

先程のENV IIIの利用例**Read temp humid and pressure**からずっとの部分をドラッグすると、利用例全体を設置することができます。

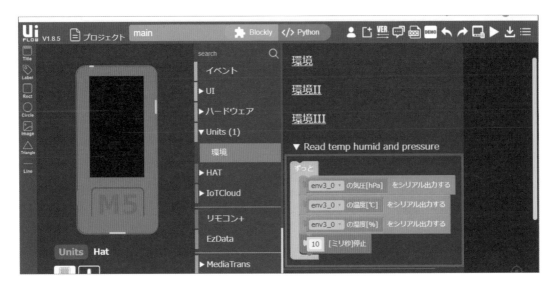

Setupのブロックの下に設置しました。このまま動かしても画面は黒いままでなにも変化しません。

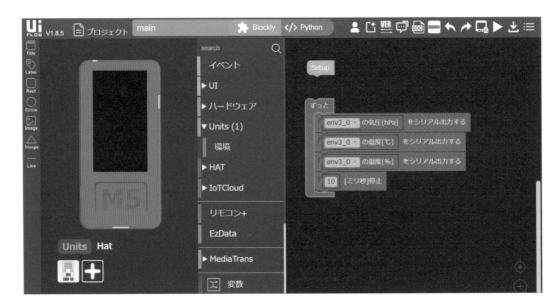

利用例ではテキストにある 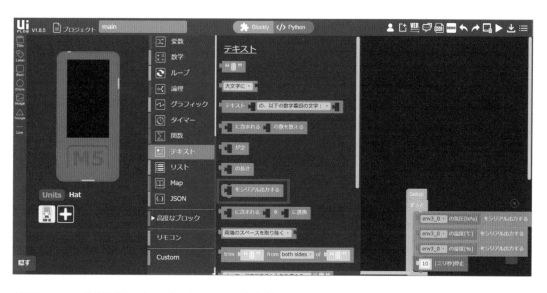 をシリアル出力する ブロックが使われています。便利なブロックなのですが、シリアル出力したものは画面からもブラウザから確認することができません。

M5Burnerの**COM Monitor（シリアルモニタ）**を利用することでシリアル出力の内容を確認することができます。

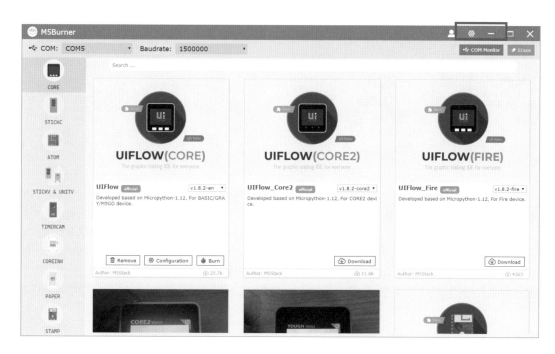

上記までがユニットを利用するまでの手順となります。実際のユニットの使い方については次ページ以降で説明します。

Chapter 1
Chapter 2
Chapter 3
Chapter 4
Chapter 5
Chapter 6

環境センサーで色々見てみよう

Chapter 6

3

温度計や湿度計などの環境の状態を測定するセンサーのことを環境センサーと呼びます。ここでは気温、湿度、気圧などの気象に関するユニットや、部屋の明るさや空気の質、物の温度などを測定するユニットを紹介します。ここでは紹介していませんが、植木鉢などの中の水分量を測定する土壌水分センサーユニットや、UIFlowからは利用できませんが音を検出するマイクユニットなどもあります。

3-1 ENV系

- **ENV**（https://www.switch-science.com/catalog/5690/）
- **ENV II**（https://www.switch-science.com/catalog/6344/）
- **ENV III**（https://www.switch-science.com/catalog/7254/）
- **BPS**（https://www.switch-science.com/catalog/6621/）

※リンク先の情報は2022年3月段階のものです。

ENVシリーズは気温、湿度、気圧を測定できるユニットです。利用しているセンサーの種類は違いますがUIFlowでの使い方はほとんど変わりません。後ろの数値が世代を表しますが、大きいものほど新しい世代になります。性能は若干違いますが、入手しやすいセンサーに変更しているようで、その時入手しやすいユニットを利用してください。また、**気圧と参考値の気圧のみ測定できるBPSユニットもあります。**

長時間設置するためのセンサーなので、センサーの値を画面に表示する用途の場合は市販品の温度計などのほうが適しています。

□ ブロックの確認

ENVはバージョンが異なってもすべて同じブロックが追加されます。

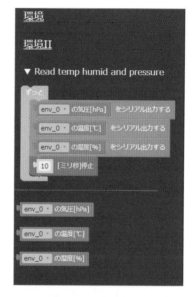

BPSは気温と気圧のみですので、湿度のブロックがありません。

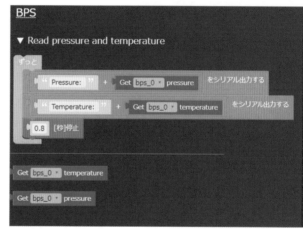

□ ブロックの使い方

ラベルなどに数値を表示するなどの使い方が一般的です。

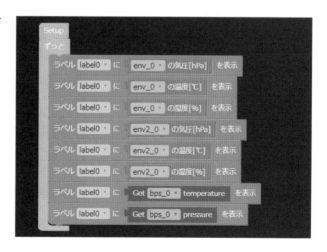

複数のユニットを接続した場合にはプルダウンにて取得するユニットを選択可能です。

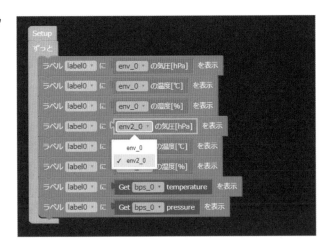

3-2

3-2 光センサー

- Light（https://www.switch-science.com/catalog/4051/）
※リンク先の情報は2022年3月段階のものです。

環境光の強度を計測するセンサーです。その場の明るさを数値化することができます。蓋を開けたらなどの明るさの変化に応じた処理が可能になります。

☐ ブロックの確認
実際の明るさを数値で取得する**アナログ値で読み取る**ブロックと、周囲の明るさが指定した値かを確認する**暗くなっている**ブロックがあります。

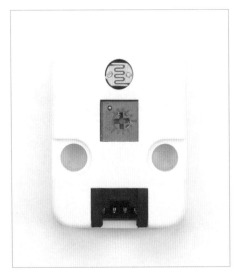

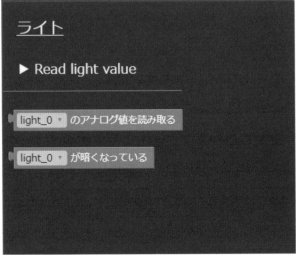

光センサーユニットは黒いコネクタなのでPortBのGPIOになります。真ん中の青いところがボリュームになっており、プラスドライバーで回すことができます。ボリュームで調整することで明るさの指定が可能です。ボリュームの上にある丸くて赤いくねくねした部分が光センサーになります。ここにあたった光を計測しています。

Chapter 1

Chapter 2

Chapter 3

Chapter 4

Chapter 5

Chapter 6

■ ブロックの使い方

まずはラベルに値を表示してどのように動いているのかを確認してください。**アナログ値**は真っ暗だと0で、非常に明るいと1024になると思います。**暗くなっている**は、暗いと1で明るいと0です。どの暗さになったら1になるのかはユニットのボリュームで調整が可能です。

上記のように**ずっと**でもしブロックと暗くなっているブロックを使って明るいときと暗いときに別の処理を実行する場合に使います。アナログ値に応じて音を鳴らすようなことも可能です。指でセンサー部分を塞いだり、ライトの方向に向けたりすることで音の高さが変わります。ただし、このままだと音が鳴り続けるため使いにくいかも知れません。

上記のようにボタンを押した場合だけ音が出るようにしたほうが使いやすいと思います。

3-3 TVOC/eCO2

空気の汚れを調べるセンサーです。シックハウス症候群などの原因物質である揮発性有機化合物などの量を測定可能です。また、TVOCからCO2濃度（二酸化炭素濃度）を推測する機能もあります。

CO2濃度の精度は高くはありませんが、数値が大きくなった場合には空気が汚れてきている証拠ですので換気をするなどの用途には非常に使いやすいセンサーです。

▣ ブロックの確認

非常にブロックが多く、使い方が難しいユニットです。

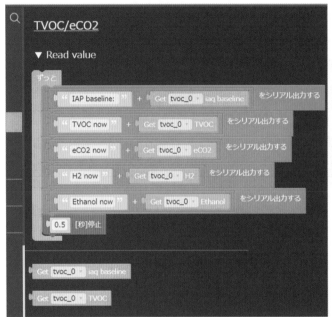

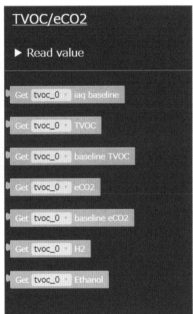

▣ ブロックの使い方

こちらもラベルなどに表示してみるのがいいでしょう。

数値	備考
iaq	室内空気質（ガス成分量）
TVOC	総揮発性有機化合物量
baseline TVOC	TVOCの基準値
eCO2	推定値のCO2濃度
baseline eCO2	eCO2の基準値
H2	水素
Ethanol	アルコールのエタノール

ちょっとわかりにくいのですが、最初に屋外などに設置して、きれいな空気を測定します。その値がbaselineの基準値となり、その数値からどれだけ空気が汚れているのかを測定します。

CO2濃度なども基準値を屋外の数値として調整していますので、室内のみで計測した場合にはズレが出てしまいます。正確な値を測定するのは非常に難しいですので、センサーの数値は参考程度に利用するのがよいと思います。

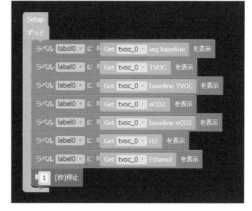

• **NCIR（https://www.switch-science.com/catalog/5220/）**
※リンク先の情報は2022年3月段階のものです。

赤外線を利用した温度計です。対象となるものによって測定した温度を補正する必要があるため少し使いにくいです。体温などを測定する場合には他の温度計などを使って差がどれぐらいあるかを確認する必要があります。

■ ブロックの確認

温度を取得するだけのシンプルなブロックです。

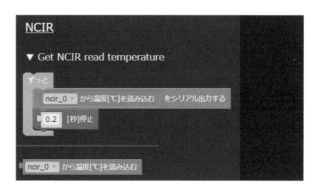

■ ブロックの使い方

定期的に温度を取得するような使い方になると思います。NCIRで注意しないといけないのはこの温度はそのままでは利用できないことです。赤外線を利用して温度を測定しているのですが、対象物が人である場合と金属である場合では、赤外線が反射する量が違うので同じ温度であっても測定値に差がでます。
そのため、市販の非接触温度計には対象物が

体温か物体なのかを設定する必要があるのですが、このユニットにはその設定がありません。そのため対象物によって測定した温度に差が出ることを想定して利用してください。

Chapter 6

4

距離センサー

物体などとの距離や、動きを検知するためのセンサーです。センサーの種類により測定可能な距離や精度に違いがあります。人感センサーなどはPIRユニットが適しており、物体との距離を大まかに測定する超音波距離ユニットやレーザーを使ってもう少し正確に測定するToFユニットもあります。また扉などが開いているかを確認するのにはホールセンサーユニットが便利です。

4-1 PIRセンサー

- **PIR（https://www.switch-science.com/catalog/5697/）**
※リンク先の情報は2022年3月段階のものです。

距離センサーの一種で、一定以上近くで物が動くと反応します。単純なセンサーのため、人が近づいたら動く動作などの場合に使いやすいセンサーです。

◻ ブロックの確認

ステータスのみがあるシンプルなユニットになります。

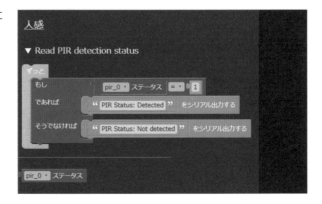

◻ ブロックの使い方

PIRセンサーは赤外線を利用して、近くで動く物があった場合に反応するセンサーです。反応していない場合には0を出力し、反応した場合には1を3秒間出力します。

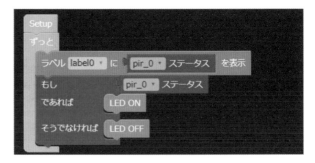

4-2 超音波測距ユニット

● **ULTRASONIC（https://www.switch-science.com/catalog/6738/）**
※リンク先の情報は2022年3月段階のものです。

耳で聞こえない超音波を使った距離センサーです。片方から超音波を出して、対象物に跳ね返った音が戻ってくるまでの時間を測定して距離を測定します。
誤差はありますが、大まかな対象物との距離がわかるセンサーになります。

■ ブロックの確認
距離のブロックがあるだけのシンプルなユニットです。

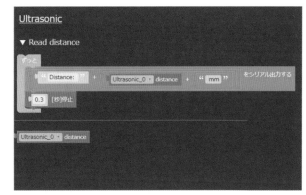

■ ブロックの使い方
ミリ単位で300.0（30センチ）から1500.0（150センチ）までの距離がわかります。戻ってくる数値は小数点付きのため整数で利用したい場合には変換が必要なので注意してください。

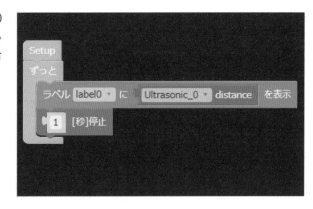

センチ単位で表示する場合には上記のように10で割ってから、整数に変換してください。

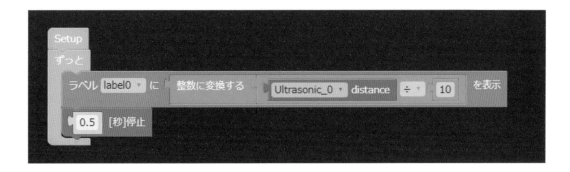

ToF測距センサユニット

● **ToF（https://www.switch-science.com/catalog/5219/）**
※リンク先の情報は2022年3月段階のものです。

目に見えないレーザーを使った距離センサーです。超音波測距ユニットと同じような原理を利用していますが、より高い精度で対象物との距離がわかるセンサーになります。

▣ ブロックの確認
ミリ単位での距離のブロックがあるだけのシンプルなユニットです。

▣ ブロックの使い方
ミリ単位で0から2000（2メートル）までの距離を返す距離センサーです。
超音波測距ユニットよりも高精度で距離を測定することができます。

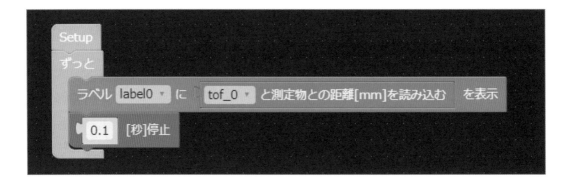

ホールセンサユニット

● **HALL（https://www.switch-science.com/catalog/6558/）**
※リンク先の情報は2022年3月段階のものです。

磁石を近づけると反応する磁力センサーです。回転物につけて回転数を計測したり、扉などの可動物に磁石を取り付けて動きの判定に使うことができます。

□ ブロックの確認

ホールセンサーの状態のみ取得できる
単純なユニットです。

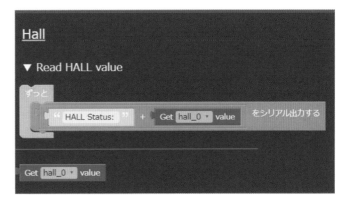

□ ブロックの使い方

ホールセンサーは磁石に反応するセンサーのため、ユニットに付属している小さい磁石をユニットに近づけることで動作確認ができます。

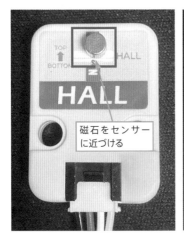

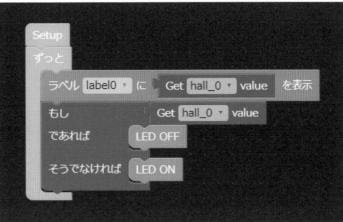

ユニットの上の方に磁石を近づけることで反応して、ユニットの中にあるLEDが赤く光ります。出力は磁石に反応していない場合が1で、反応した場合が0になります。また、近づける磁石の極がプラスかマイナスかでも反応が変わりますので、反応がなかった場合には磁石を逆さまにして逆の極にしてみてください。また付属の磁石以外でも反応しますので、使いやすい磁石に変更することも可能です。

入力

ボタンやジョイスティックなどの入力系のユニットです。M5Stackのボードは1つ以上のボタンが本体に搭載されていますが、複雑な操作を行う場合や本体から離れた場所で入力を行いたい場合にはユニットの利用が便利です。

5-1 ボタン系

- **BUTTON（https://www.switch-science.com/catalog/4047/）**
- **Dual-BUTTON（https://www.switch-science.com/catalog/4048/）**

※リンク先の情報は2022年3月段階のものです。

ボタンが付いているユニットです。ボタンの数が1つのと2つの物があります。本体にボタンが付いているので、ユニットで拡張することは少ないのですが本体と離れた場所にボタンを設置したい場合に利用します。

□ ブロックの確認

ボタンユニットは本体に付属しているボタンと同じようなブロックがあります。

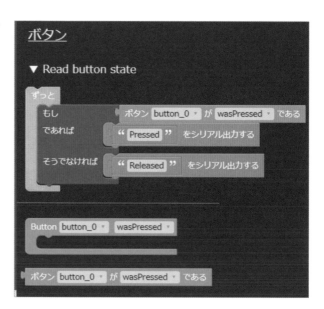

デュアルボタンユニットもほぼ同じですが、2
つあるボタンを赤と青の色で指定する必要が
あります。

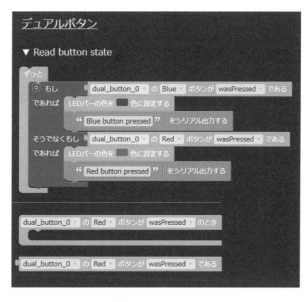

Chapter 1　Chapter 2　Chapter 3　Chapter 4　Chapter 5　Chapter 6

■ ブロックの使い方

ボタンユニットの使い方は本体のボタンとほぼ同じ使い方になります。
デュアルボタンユニットはボタンが2つあるので、ボタンの色で赤か青を選択します。

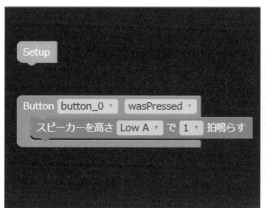

5-2　ジョイスティック

• **JOYSTICK（https://www.switch-science.com/catalog/4050/）**

※リンク先の情報は2022年3月段階のものです。

360度に動かすことができるジョイスティックのユニットです。スティックを押し込
むことでボタンとしても利用することが可能です。

■ ブロックの確認

左右に動かした場合のX軸と、上下に動かした場合のY軸の他にジョイスティックを押し込んだ場合の押されている状態、そして反転したX軸とY軸があります。

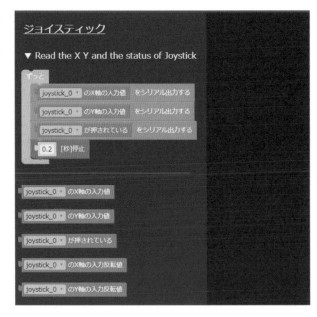

■ ブロックの使い方

まずはラベルに表示してみます。ジョイスティックを動かしてみるとユニットのケーブルが上にある状態で右にジョイスティックを倒すとX軸が250前後の数字になり、左にジョイスティックを倒すと5付近になりました。上に倒すとY軸が250前後の数字になり、下に倒すと5付近になりました。この値はジョイスティックにより異なりますが、概ね0から255までの数値になり、動かしていない場合には127前後の数値になるはずです。この数値は非常に誤差が多く、ユニットにより数値にばらつきがあるので注意してください。

ラベルと同じCircleを使って白丸を画面上に追加しました。この丸をジョイスティックの入力値に応じて動かしてみる処理になります。ジョイスティックの動きと入力値をあわせるためにY軸は入力反転値を利用しています。画面の大きさを掛け算してから、入力値の最大値である255で割っています。

ジョイスティックの押されているは、通常は0で、押し込むことで1になります。

5-3 　回転角ユニット

● **ANGLE（https://www.switch-science.com/catalog/6551/）**
※リンク先の情報は2022年3月段階のものです。

回転することができるボリュームです。回転した量を取得することができます。

■ ブロックの確認
角度が取得できるシンプルなユニットです。

■ ブロックの使い方
ボリュームの値を0.0から1024.0まで取得
することができます。

5-4 　カラーセンサーユニット

● **COLOR（https://www.switch-science.com/catalog/5218/）**
※リンク先の情報は2022年3月段階のものです。

ユニットに近づけたものの色を測定するセンサーです。あまり細かい色の判定はできませんが、大まかな判定は可能です。

ブロックの確認

読み取った色を取得するブロックが4つあります。**生データを読み取る**ブロックは補正前の値が入っており、そのままでは利用することができませんので、通常は赤緑青の**成分を読み取る**ブロックを使います。

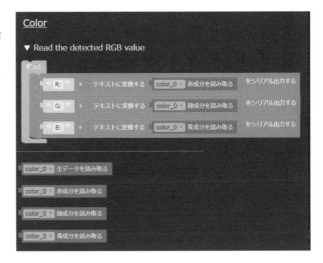

ブロックの使い方

画面にラベルと同じく一番左の柱よりRectを設置して、画面下に設置しました。この四角の色を読み取った色に変更している処理になります。素材により若干色の識別が変化しますので、入力した値から色を識別するのはなかなか難しいです。

5-5 カード型キーボードユニット

- **CardKB**（https://www.switch-science.com/catalog/5689/）

※リンク先の情報は2022年3月段階のものです。

キーボード入力をするためのユニットです。数値とアルファベットを入力することは可能ですが、あまり複雑な処理はできません。

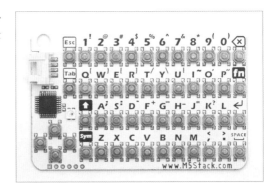

◻ ブロックの確認

3つのブロックがあります。

ブロック	概要
Get key	押されているキーコード
Get string	入力された文字列。ESCキーでクリアされる
Get pressed	未処理のキー入力があるか

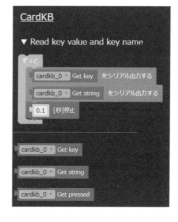

◻ ブロックの使い方

すこし使い方が難しいユニットになります。**Get pressed**ブロックは新しいキー入力があるかを返却するブロックです。キー入力があるとtrueになり、他の2つのブロックのどちらかを呼ぶとfalseに戻ります。

Get keyは最後に押されたキーコードになります。キーによって違う数値になっており、何も押していないときには0が返ります。**Get pressed**はいままで入力された文字列が入っており、ESCキーを押すことでなくなります。

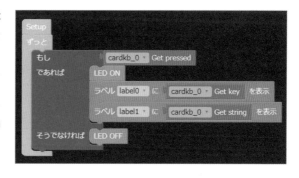

このユニットはUIFlowで文字列を入力するのは非常に難しいので、特定のキーを押した場合に特定の処理をする使い方が適しています。また**Get key**は一度取得すると次回は0が返ってくるので、複数回参照したい場合には最初に変数に代入しておく必要があります。例では1から7までのキーを押すと音が鳴ります。

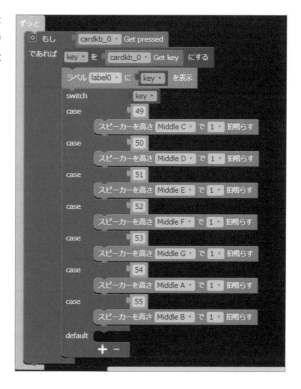

Chapter 1
Chapter 2
Chapter 3
Chapter 4
Chapter 5
Chapter 6

6

人体センサーを試してみる

人体の情報を測定するためのセンサーです。環境センサーで紹介した非接触温度セン
サユニットなども体温を計測することで人体センサーとも言えますが、ここでは人体に
対してのみ利用するユニットを紹介します。またM5Stack社の人体センサーは医療
用ではなく、比較的安価なセンサーを利用しているので目安程度に利用してください。

6-1 指紋センサユニット

● **FINGER（https://www.switch-science.com/catalog/5693/）**
※リンク先の情報は2022年3月段階のものです。

指紋をあらかじめ登録しておくことで、指紋認証が可能になるユニットです。

▣ ブロックの確認
8個のブロックがあります。事前に指紋情報を登録して、その情報と利用する形になっています。

ブロック	概要
状態	指紋センサユニットの状態を英語で取得
アクセスNoを読み込む	1-3までのアクセスIDを取得
IDを読み込む	指紋のIDを取得
指紋情報を全削除	指紋センサユニットのすべての指紋を削除
IDの指紋情報を削除	指紋センサユニットの指定したIDの指紋を削除
指紋情報をIDとしてアクセスNoへの追加を開始	IDとアクセスIDを指定して指紋を登録
指紋情報が読み込まれたとき	指紋情報が読み込まれたときのイベント
指紋情報の読み込みに失敗したとき	指紋情報が読み込み失敗したときのイベント

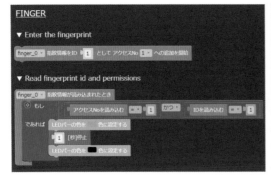

☐ ブロックの使い方

ボタンBを押して**指紋情報を全削除**してから、ボタンAを押して指紋を登録してください。指紋は150個まで登録でき、IDはすべて別の数値である必要があります。

ID	アクセスID	指紋
100	1	Aさんの右人差し指
101	1	Aさんの左人差し指
200	2	Bさんの右人差し指
201	2	Bさんの左人差し指
300	3	Cさんの右人差し指
301	3	Cさんの左人差し指

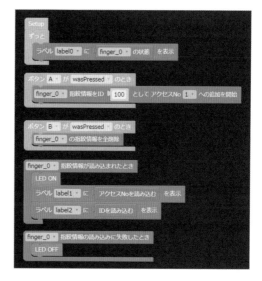

アクセスNoは1から3の番号を指定できて、3人指紋を2本ずつ登録する場合などに個人を識別するために利用します。例えば上記のように登録することで、アクセスIDを見ることで個人を識別することができます。登録済みの指紋かを識別するだけであればアクセスIDはすべて同じでも、IDのみで識別が可能です。

6-2 心拍センサユニット

● **HEART（https://www.switch-science.com/catalog/5695/）**
※リンク先の情報は2022年3月段階のものです。

指先の脈拍数を測定するためのセンサーです。商品名は心拍となっていますが、指先の血流をセンサーで計測しています。そのため厳密には脈拍数になります。健康な場合には心拍と脈拍は同じ数字になるはずですが、心臓の動きが弱い場合には指まで十分な血流が流れず脈拍数の方が少なくなる場合があります。

☐ ブロックの確認

状態を設定するブロックが2つと、センサーの値を取得するブロックが2つあります。

ブロック	概要
heart rate	脈拍数を取得
SpO2	SpO2(酸素飽和度)
mode	脈拍のみかSpO2も取得するかを設定
led current	光の強さを設定

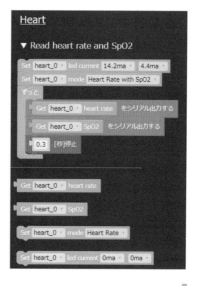

ブロックの使い方

まずSetupにて心拍センサユニットの初期化を行う必要があります。通常は**Heart Rate with SpO2**のモードで、LEDの強さは推奨値の「14.2ma」と「4.4ma」を指定するようです。

heart rateは脈拍数ですので安静時は100弱の値になることが多いはずです。**SpO2**は血液中の酸素飽和度をあらわします。単位は％で、通常は100に近い数値のはずですが肺炎などを起こしていると肺の機能が低下して酸素を血液に取り込めず90％以下に下がります。ただしSpO2測定装置は日本では医療機器の扱いになっており、心拍センサユニットは医療機器ではありませんのでSpO2測定としては利用しないでください。

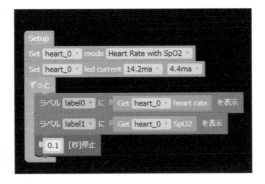

Chapter 1

Chapter 2

Chapter 3

Chapter 4

Chapter 5

Chapter 6

Chapter 6

7

動かしてみる（Servo, RELAY）

これまでセンサーやボタンなどの入力系のユニットを紹介しました、動きを制御するユニットもあります。ただし、ボード内蔵のバッテリーはそれほど大きくはありませんので、モーターなどを長時間動かすことはできません。動かせる力も弱いので注意してください。

7-1 ミニファンユニット

● **FAN（https://www.switch-science.com/catalog/6213/）**
※リンク先の情報は2022年3月段階のものです。

小さいプロペラがついているモーターです。モーターを動かすか、止めるかの制御が可能です。動かす速度は変更可能です。回る方向は固定ですが、プロペラは2種類付属しており、風の方向を変更することが可能です。

🔲 **ブロックの確認**
速度を設定するブロックと、停止させるブロックの2つになります。

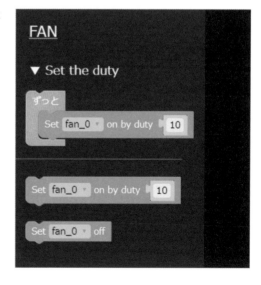

□ ブロックの使い方

ボタンAを押すと速さがカウントアップします。数値は
10ぐらいからゆっくり動き始めて、100まで指定できま
すが30ぐらいからはほとんど変化が感じられません。ま
た、ボタンBを押すと止まるようになっています。

注意事項として、実行直後に内部でミニファンユニットを
初期化しており、一瞬動くので注意してください。また、
ファンが動いている最中にリセットボタンを押すなどした
場合にはファンは止まらずに動き続けますので、Setupの
直後に停止するブロックを置くようにしたほうが安全です。

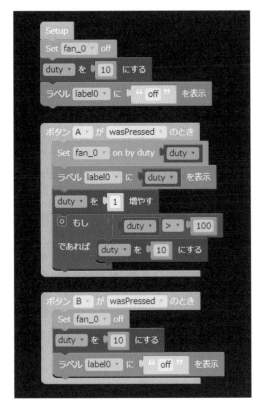

7-2 | 振動モーターユニット

- **Vibrator Motor（https://www.switch-science.com/catalog/6065/）**

※リンク先の情報は2022年3月段階のものです。

動かすと震えるバイブレーションのユニットです。振動の強さは変更可能です。使い方
はミニファンユニットとほとんど変わりません。

□ ブロックの確認

速度を設定するブロックと、停止させるブロックの2つになり
ます。

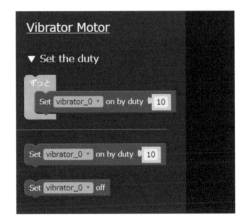

■ ブロックの使い方

ボタンAを押すと速さがカウントアップします。数値は10ぐらいからゆっくり動き始めて、100まで指定できますが30ぐらいからはほとんど変化が感じられません。また、ボタンBを押すと止まるようになっています。

注意事項として、実行直後に内部で振動モーターユニットを初期化しており、一瞬動くので注意してください。また、振動モーターが動いている最中にリセットボタンを押すなどした場合には振動モーターは止まらずに動き続けますので、Setupの直後に停止するブロックを置くようにしたほうが安全です。

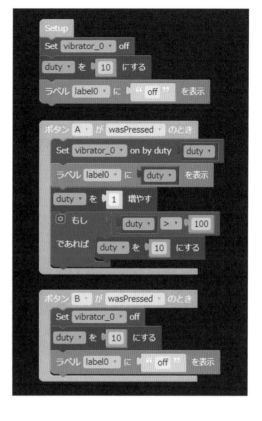

7-3 サーボ

- **Servo Kit 180′ (https://www.switch-science.com/catalog/6478/)**
- **Servo Kit 360′ (https://www.switch-science.com/catalog/6479/)**
- **SG92Rサーボ搭載 グリッパーユニット (https://www.switch-science.com/catalog/7095/)**

※リンク先の情報は2022年3月段階のものです。

角度か速度を指定して動かすことができるモーターです。Servo Kit 180′は0度から180度まで角度を指定して動かすことができます。Servo Kit 360′は速度と

回転方向を指定して動かすことができます。力はあまりないので、重いものを動かすことはできません。

グリッパーユニットは、180度サーボに掴む動きをするグリッパーをセットしたユニットです。0から45までの角度を指定して動かすことが可能です。ただし動く範囲は個体差がありますので中央の20ぐらいの値から増減していき、実際に動く範囲を確認してから利用してください。

サーボは3線の専用コネクタなのでそのままではボードに接続することができません。今回紹介しているサーボは3つとも変換コネクタが付属しているのでユニットなどに付属するケーブルで接続することが可能です。ただし、サーボ用の3線コネクタは裏表逆さでも接続が可能なので色を参考に正しい方向に接続してください。

色	役割
黄色の線	信号用
茶色の線	GND
赤色の線	VCC

■ ブロックの確認

角度を指定するブロックと、時間を指定するブロックの2
種類あります。通常は角度を指定しますが、特殊なサー
ボを使う場合には時間を指定することで制御が可能です。

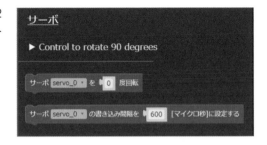

■ ブロックの使い方

サーボは0から180までの数値を指定して動かします。基
本となるのは中間の90になります。一般的な180度サー
ボの場合は指定した数値が角度として指定し、指定され
た角度までサーボモーターが回ります。360度サーボは
90を基準にして、0に近づくほど高速に右回転します。
逆に180に近づくほど左回転をします。

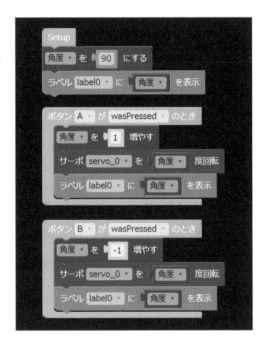

7-4 リレー

- **RELAY（https://www.switch-science.com/catalog/4054/）**
- **4-RELAY（https://www.switch-science.com/catalog/6783/）**

※リンク先の情報は2022年3月段階のものです。

リレーとは、電気信号でオンオフすることがで
きるスイッチです。リレーを使うことでUIFlow
からスイッチを制御することができます。
M5Stackのボード以外の機器を操作する場合に
利用します。

メロディーが鳴る電子オルゴールや、電池に接続したモーターなどのスイッチをUIFlowからオンオフすることができます。スイッチが1つだけ制御できるものと、4つまで制御できるリレーがあります。

また、リレーは100Vなどの高電圧のスイッチと使うと誤作動した場合やショートした場合に大変危険なので使わないようにしてください。豆電球を光らせたり、乾電池などで動く車のおもちゃなどのスイッチとして利用するなど、故障したとしても安全な用途で利用してください。

■ ブロックの確認

通常のリレーユニットは1つのみスイッチを操作できます。オンとオフしかありません。

4チャンネルリレーユニットは4つのスイッチと4つのLEDがあるので指定するブロックが増えています。モードがありSynchronizeの同期モードと、Asynchronizeの非同期モードがあります。

モード	概要
Synchronize	リレーを操作するとLEDも同じ値になる
Asynchronize	リレーとLEDは個別に指定して動く

通常はSynchronizeの同期モードで、リレーを操作すると同じ場所のLEDも同時に操作されます。スイッチをオンにした場合にLEDが自動で点灯するのが同期モードです。Asynchronizeの非同期モードはスイッチとLEDを個別に制御可能です。

■ ブロックの使い方

通常のリレーユニットはオンとオフしかありませんので、非常にシンプルに利用可能です。ボタンAを押すとリレーのスイッチがオンになり、ボタンBを押すとスイッチがオフになります。

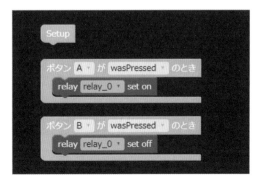

ちょっと複雑ですが、ボタンAを押すと変数を1ずつ追加しています。2進数のビットが1の場所がリレーがオンになるように指定しています。ボタンBを押すとすべてのリレーがオフになります。

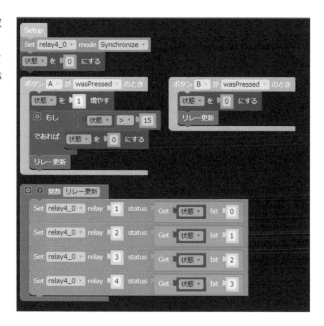

Chapter 1

Chapter 2

Chapter 3

Chapter 4

Chapter 5

Chapter 6

Chapter 6

8

光らせてみる、その他

ボタンなどの操作を取得した場合には入力。光らせたいなど動作を起こさせるものが出力となります。物理的に動くものを動作として紹介しましたが、それ以外の出力系ユニットもたくさんあります。

8-1　RGB LED

- **RGB LEDユニット (https://www.switch-science.com/catalog/6550/)**
- **六角形ユニット (https://www.switch-science.com/catalog/6058/)**
- **LEDテープ (https://www.switch-science.com/catalog/5208/)**
- **防水RGB LEDテープ (https://www.switch-science.com/catalog/6914/)**

※リンク先の情報は2022年3月段階のものです。

複数のRGB LEDが接続されたユニットです。フルカラーで任意の色を光らせることが可能で、さまざまな形のRGB LEDが発売されています。

◾ ブロックの確認

ユニットを追加するときにcountを指定する必要があります。これは接続するRGB LEDが接続されている数になります。

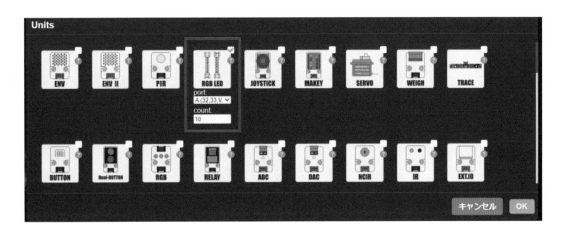

商品	RGB LEDの数
LEDユニット	3
六角形ユニット	37
LEDテープ 10cm	15
LEDテープ 20cm	29
LEDテープ 0.5m	72
LEDテープ 1m	144
LEDテープ 2m	288
防水RGB LEDテープ 50cm	30
防水RGB LEDテープ 100cm	60
防水RGB LEDテープ 200cm	120
防水RGB LEDテープ 500cm	300

上記が代表的なRGB LEDユニットとその搭載しているRGB LEDの数です。複数のRGB LEDを数珠つなぎで接続することも可能です。ただしたくさん接続した場合には本体からの電源ではすべてを光らせることができない場合があるので注意してください。

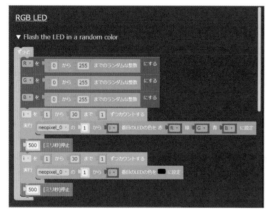

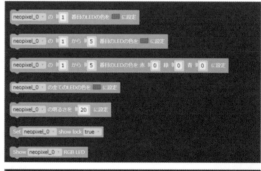

RGB LEDは1からの連番で接続されており、番号と色を指定してRGB LEDを光らせます。

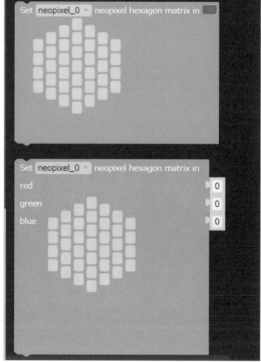

□ ブロックの使い方

1から37まで順番にRGB LEDを赤く光らせるサン
プルです。横に長いLEDテープの場合には全部の色
を変更する場合の他に、棒グラフのような使い方もで
きます。

六角形ユニットは専用のブロックがあり、マウスで変更する場所をクリックして変更が可能です。この場合指定
していない場所は変更されませんので、すべての場所を指定するようにするか、最初に背景色で塗りつぶすよう
にしてください。

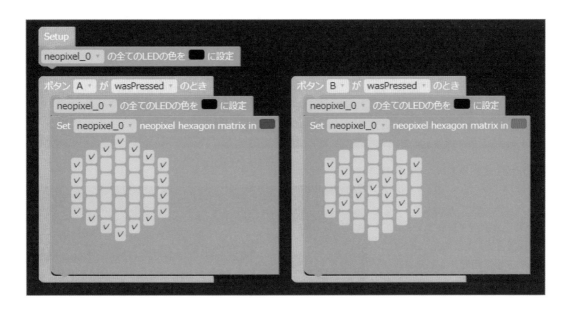

8-2 OLEDディスプレイユニット

● **OLED（https://www.switch-science.com/catalog/7233/）**

※リンク先の情報は2022年3月段階のものです。

モノクロ表示のディスプレイユニットです。本体から離れた場所に情報を表示したい
場合などに利用することができます。

□ **ブロックの確認**

非常に多くのブロックがあります。基本的には画面上に表示するグラフィックと同じような機能が利用できます。OLEDディスプレイユニットはモノクロのため背景色が黒で、描画した場所が白になるように使うことが多いです。

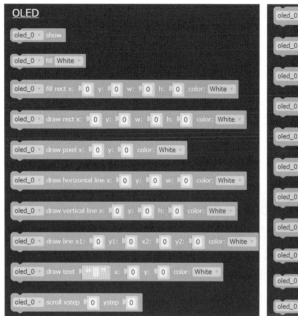
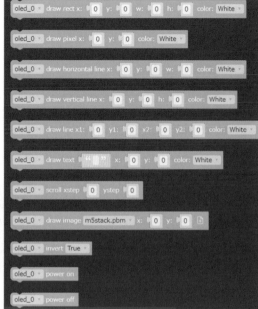

□ **ブロックの使い方**

OLEDディスプレイユニットはグラフィックと違い、showブロックにて画面が更新されます。そのため画面を変更したら最後にshowブロックを必ず設置する必要があります。

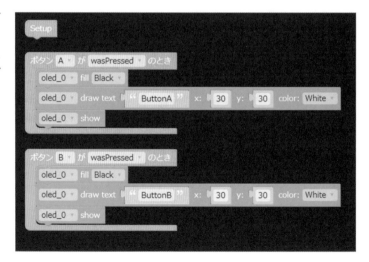

通信をやってみよう

通信にはいろいろな方法ややり方があります。本章ではインターネットからデータをダウンロードして取得する、インターネットへデータを送信する、UIFlowの端末同士でデータ送受信を3種類の方法と、UIFlow自体がWebサーバーとなりスマートフォンのブラウザなどからアクセスする方法を紹介したいと思います。

Chapter 7

1

インターネットから
データをダウンロードしてみよう

UIFlowの端末はインターネットに接続されていますので、ブラウザなどのように各種Webページをダウンロードすることが可能です。ただしブラウザのように画面上にそのまま表示することはできません。そこで必要な情報だけをダウンロードして、画面は自分で描画する必要があります。今回は天気予報のデータをダウンロードして、画面に表示するプログラムを作成します。

1-1 情報取得元の検討

天気予報の情報を提供するサービスはたくさんあるのですが、有料であるか登録が必要である場合が多いです。今回は無料で利用できて、比較的有名な気象庁 (https://www.jma.go.jp/bosai/) のサービスを利用したいと思います。

気象庁 (https://www.jma.go.jp/bosai/)

気象庁では天気予報をブラウザで表示する際に、内部で天気予報のデータを取得して表示しています。

今回はこの内部で利用している天気予報のデータをUIFlowから取得して、画面上に表示します。

この内部の天気予報のデータに関しては、正式なサービスとして公開されているわけではないので、急に動きが変わる可能性があるのですが、比較的自由に利用することが可能になっています。

政府標準利用規約という決まりごとで利用できるのですが、個人的に小規模に使うのであれば通常は問題ありません。

<table>
<tr><td>1-2</td><td>実際の作業</td></tr>
</table>

天気予報ですので、対象となるエリアを選択する必要があります。都道府県もしくは市町村などを選択し、どのエリアの天気予報を表示するのかを選びます。エリア選択後は実際の天気予報データを取得し、画面に表示するまでの手順を紹介します。

01 仕様の確認

Step 気象庁のデータは以下のURLで**JSON**と呼ばれるファイルフォーマットで提供されています。

https://www.jma.go.jp/bosai/forecast/data/forecast/130000.json

```
[
  {
    "publishingOffice": "気象庁",
    "reportDatetime": "2021-08-02T17:00:00+09:00",
    "timeSeries": [
      {
        "timeDefines": [
          "2021-08-02T17:00:00+09:00",
          "2021-08-03T00:00:00+09:00",
          "2021-08-04T00:00:00+09:00"
        ],
        "areas": [
          {
            "area": {
              "name": "東京地方",

              "code": "130010"
            },
            "weatherCodes": [
              "313",
              "201",
              "101"
            ],
            "weathers": [
              "雨 夜 くもり 所により 夜のはじめ頃 まで 雷 を伴う",
              "くもり 時々 晴れ 所により 夜のはじめ頃 まで 雨 で 雷を伴う",
              "晴れ 時々 くもり"
            ],
            <------------------------------ 以下略 ------------------------------>
```

上記は東京の天気予報のデータで、本日と翌日、翌々日の天気が提供されています。このファイルを解析して画面上に表示したいと思います。

O2 取得場所の選択

https://www.jma.go.jp/bosai/forecast/data/forecast/130000.json

Step 先程は上記のURLからの情報を取得しました。**最後についている130000の部分が表示している場所になります。**

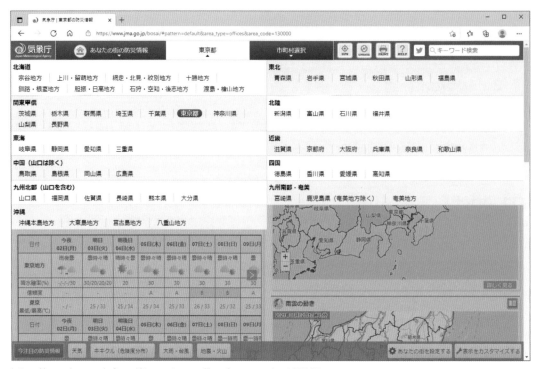

https://www.jma.go.jp/bosai/#area_type=offices&area_code=130000

この番号は気象庁の天気を表示するときのURLの最後についている数値と同じです。参考のため、地域選択のページで表示されているものを一覧にしてみました。青森県の場合には020000にすることで天気予報のデータを取得可能です。離島などの場合は気象庁のページより該当部分を表示して、URLよりコードを確認してみてください。

エリア	地域	コード
北海道	宗谷地方	011000
北海道	上川・留萌地方	012000
北海道	網走・北見・紋別地方	013000
北海道	十勝地方	014030
北海道	釧路・根室地方	014100
北海道	胆振・日高地方	015000
北海道	石狩・空知・後志地方	016000
北海道	渡島・檜山地方	017000
東北	青森県	020000
東北	岩手県	030000
東北	宮城県	040000
東北	秋田県	050000
東北	山形県	060000
東北	福島県	070000

関東甲信	茨城県	080000
関東甲信	栃木県	090000
関東甲信	群馬県	100000
関東甲信	埼玉県	110000
関東甲信	千葉県	120000
関東甲信	東京都	130000
関東甲信	神奈川県	140000
関東甲信	山梨県	190000
関東甲信	長野県	200000
北陸	新潟県	150000
北陸	富山県	160000
北陸	石川県	170000
北陸	福井県	180000
東海	岐阜県	210000
東海	静岡県	220000
東海	愛知県	230000
東海	三重県	240000
近畿	滋賀県	250000
近畿	京都府	260000
近畿	大阪府	270000
近畿	兵庫県	280000
近畿	奈良県	290000
近畿	和歌山県	300000
中国(山口を除く)	鳥取県	310000
中国(山口を除く)	島根県	320000
中国(山口を除く)	岡山県	330000
中国(山口を除く)	広島県	340000
四国	徳島県	360000
四国	香川県	370000
四国	愛媛県	380000
四国	高知県	390000
九州北部(山口を含む)	山口県	350000
九州北部(山口を含む)	福岡県	400000
九州北部(山口を含む)	佐賀県	410000
九州北部(山口を含む)	長崎県	420000
九州北部(山口を含む)	熊本県	430000
九州北部(山口を含む)	大分県	440000
九州南部・奄美	宮崎県	450000
九州南部・奄美	鹿児島県 (奄美地方除く)	460100
九州南部・奄美	奄美地方	460040
沖縄	沖縄本島地方	471000
沖縄	大東島地方	472000
沖縄	宮古島地方	473000
沖縄	八重山地方	474000

UIFlowでデータ取得の実験

まずは天気予報のJSON形式のデータを正しくダウンロードできるかを確認してみたいと思います。利用するのは高度なブロックの中にある**Http**です。**Http Request**でデータを取得して**Get Status Code**で結果の状態を取得、**Get Data**でダウンロードした情報を取得します。

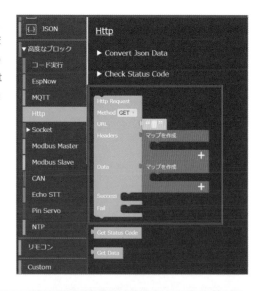

URLに取得したいURLを入力します。ここでは130000.jsonですので東京都のデータになります。これで実行することでデータを取得できるはずですが、このままでは結果がわかりません。

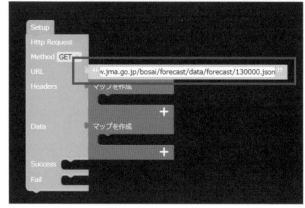

画面上に表示してみる

グラフィックの**テキスト**ブロックにて取得したデータ**Get Data**を表示してみました。

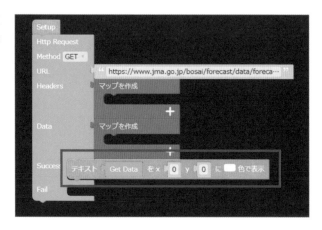

[{"publish
ingOffice":
"","report
Datetime"
:"2021-08-
02T17:00
:00+09:00
","timeSer
ies":[{"ti

この状態で実行することで画面上に上記のように取得したデータの一部が表示されたと思います。すべてのデータが表示されていないので他の方法での表示を試したいと思います。

05 シリアル通信に変更

Step

テキストブロックの中に  ブロックがありますのでこちらを利用します。これは文字列など送受信するための機能になります。今回はUSB経由でパソコンとシリアル通信(UART)を行いたいと思います。

※このステップは省略可能です。シリアル出力は使い方がちょっとむずかしいのですが、利用できるとプログラムが動かないときの確認作業が非常に楽になります。

画面上のテキスト描画の代わりに**シリアル通信(UART)**で文字を書き出し(送信)ます。このまま実行しても送信した文字を確認することはできません。

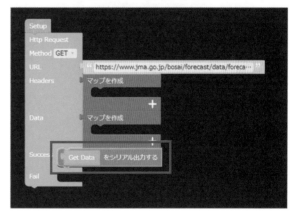

環境構築で利用したM5Burnerを利用して表示してみたいと思います。環境構築と同じようにCOMを接続しているUIFlowの機種のものに変更してから右上にある**COM Monitor**を利用します。

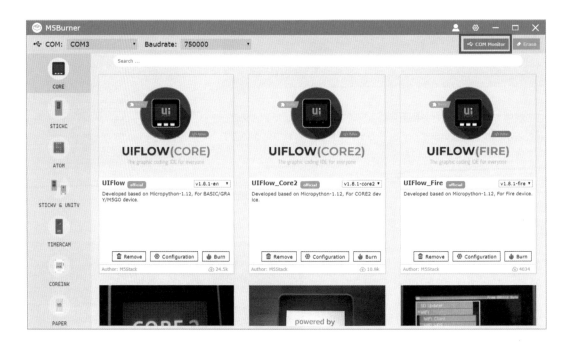

COM Monitorを開いているときにUIFlowを実行することで、下図のように取得した文字をすべて確認することができます。

06 JSON形式への変換

Step

気象庁から取得したのは**JSON形式**のテキストデータです。このままではプログラムで利用できないので変数に変換する必要があります。

まずは文字列をJSON形式に変換する必要があります。上記のJSONにある  ブロックを使って変換します。

> MEMO
>
> JSONとはテキストベースの構造データ表現フォーマットです。

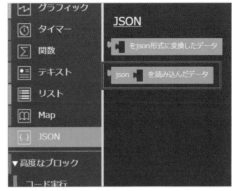

取得データという変数を作成し、気象庁から取得した文字列を 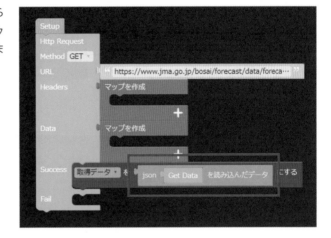 ブロックを使ってJSON形式に変換します。このままではまだ表示することができません。

変換した変数の中身を確認したいと思います。シリアル出力を使ったほうが全部の文章を確認できて便利なのですが、今回はテキストを使って画面上に表示します。JSON形式の文字列を変数に変換したのですが、変数のままだと文字列として表示できないので をjson形式に変換したデータ ブロックを使って文字列に戻しています。

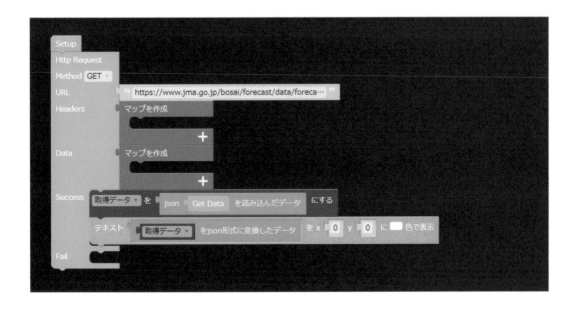

07

Step

リストの中身の取り出し方

今回のデータは少し複雑な構造になっていて、データの最初が「[」から始まっていますのでリストで先頭のデータを取り出す必要があります。リストは複数のデータが保存されています。今回は先頭のデータを利用しましたが、3日分の天気予報はリストに3つデータが保存されているのですべて利用します。

リスト 取得 # ブロックを設置して、最初のデータを取得して変数を上書きします。

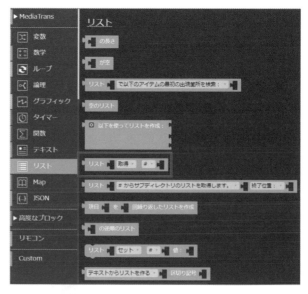

この状態で実行すると、先頭の「[」がなくなって「{ 」から開始されます。

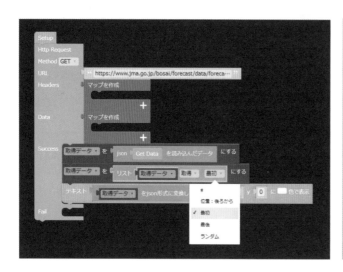

08

Step

マップの中身の取り出し方

次に「{ 」から始まっているデータを取得します。こちらの取得にはMapを利用します。Mapはリストと同じく複数のデータを保存可能です。リストと違うのは保存したデータに名前をつけることができることです。リストは保存した順番でデータの意味付けをしていますが、Mapは名前をつけてデータを保存します。

Mapブロックにある 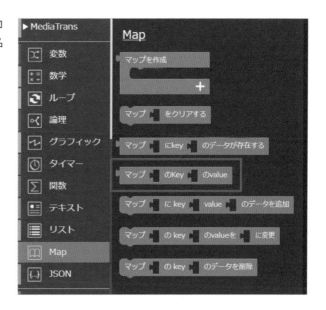 ブロックを利用してデータを取得します。keyが名前になり、valueがデータの値です。

まずは練習として**"reportDatetime"**の項目を取得してみました。この項目には天気予報のデータが更新された時間が入っているはずです。この状態で実行して画面に数時間前の日時が表示されれば成功です。

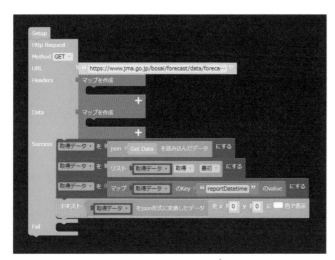

取り出すデータを確認

ふたたびJSONのデータを確認します。実際のデータは改行やスペースがないのですが、見やすくするために整形してあります。取得したいのはweathersの3日間の天気予報データになります。

```json
[
  {
    "publishingOffice": "気象庁",
    "reportDatetime": "2021-08-02T17:00:00+09:00",
    "timeSeries": [
      {
        "timeDefines": [
          "2021-08-02T17:00:00+09:00",
          "2021-08-03T00:00:00+09:00",
          "2021-08-04T00:00:00+09:00"
        ],
        "areas": [
          {
            "area": {
              "name": "東京地方",
              "code": "130010"
            },
            "weatherCodes": [
              "313",
              "201",
              "101"
            ],
            "weathers": [
              "雨 夜 くもり 所により 夜のはじめ頃 まで 雷 を伴う",
              "くもり 時々 晴れ 所により 夜のはじめ頃 まで 雨 で 雷を伴う",
              "晴れ 時々 くもり"
            ],
                        <-------------------------------  以下略  ------------------------------->
```

以下は必要なデータのみに絞り込んでみました。

```json
[
  {
    "timeSeries": [
      {
        "areas": [
          {
            "weathers": [
              "雨 夜 くもり 所により 夜のはじめ頃 まで 雷 を伴う",
              "くもり 時々 晴れ 所により 夜のはじめ頃 まで 雨 で 雷を伴う",
              "晴れ 時々 くもり"
            ],
                        <-------------------------------  以下略  ------------------------------->
```

このJSON形式からweathersのデータを取得するためには、 リストで先頭の[を取り除き、 マップでtimeSeriesを取得し、さらにリストでtimeSeriesの[を取り除き、マップでareasを取得し、リストでareasの[を取り除き、マップでweathersを取得して、リストで3日分のデータを取得する必要があります。
このようにインターネットからデータを取得して表示する場合は、実際の取得処理よりも取得したデータからほしい値を取得する処理が非常に大変です。

10 weathersの取得

Step

一気にweathersを取得してみました。

実行してみると正しく表示されないと思います。

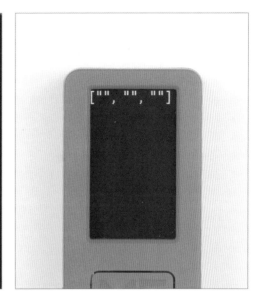

["", "", ""]

上記のように表示されたと思います。weathersは日本語でデータが入っていますのでそのままでは表示できません。

グラフィックから**フォントを設定**ブロックを利用して、日本語が表示できる**FONT_UNICODE**を選択してみてください。これで日本語で表示されたはずです。

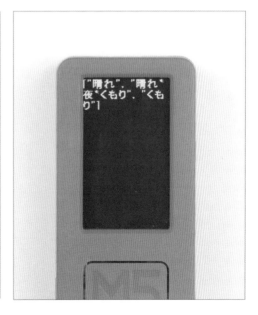

11

Step

当日の天気予報データ取得

当日の天気予報変数を作って、#1(先頭)のデータを取得しました。このデータが当日の天気予報となります。

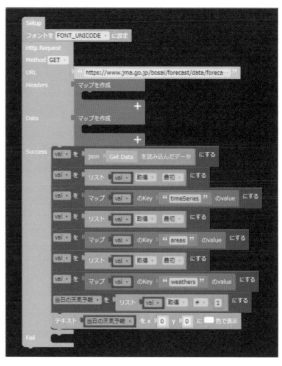

12

Step

翌日と明後日の天気予報データ取得

3日分の天気予報データを取得して、画面上に表示してみました。M5StickC Plusだと画面が小さいので、天気予報のデータを表示するだけで画面一杯になってしまいました。M5Stack BASICなどであれば画面が大きいので、他の情報も表示することができると思います。

さて、表示されたデータをみると*と表示されている文字があると思います。これはUIFlowで表示できない文字になります。全角スペースの「　」や時々の「々」の文字などが現在表示できないようです。

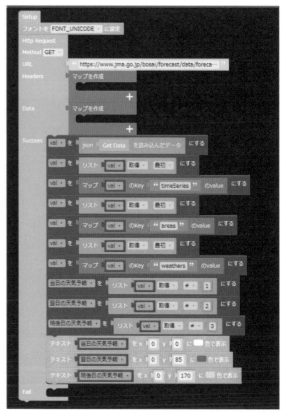

1-3 カスタムブロックを使おう

さて、ここまで実際にデータを取得して、JSON形式から必要なデータを取り出してきました。ちょっと複雑で難易度が高かったと思います。そこで、**カスタムブロックという機能を使って、天気予想データの取得を簡単にできるようにしてみます**。

UIFlowは最初から使えるブロックの他に、自分でブロックを作成することができます。自分で作成するのはちょっと難しいので今回は紹介しませんが、他の人が作ったカスタムブロックの使い方を紹介したいと思います。

01 カスタムブロックのダウンロード

Step
https://github.com/tanakamasayuki/UIFlowCustomから天気予想のカスタムブロックを公開してあり、右側の**Releases**というリンクがありますので開きます。表示されている名前が変更されている場合がありますが、ここに最新のファイルが保存されています。

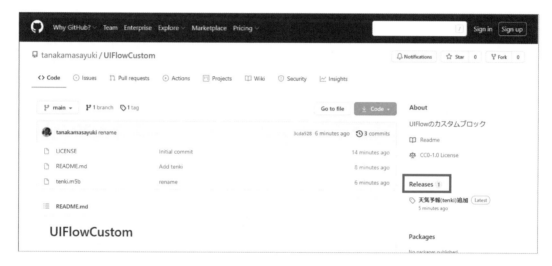

tenki.m5bをクリックするとカスタムブロックをダウンロードすることができます。

02
Step

カスタムブロックの読み込み

❶Customの中に**Open *.m5b file**があるのでクリックします。

❷ファイルを選択するダイアログが出てくるので、先ほどダウンロードした**tenki.m5b**を選択して開きます。

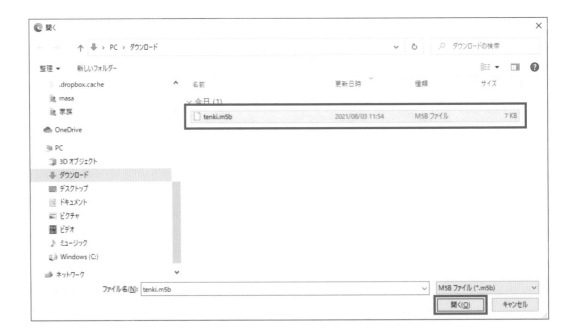

Customの中に天気予報が増え、複数のブロックが追加されています。

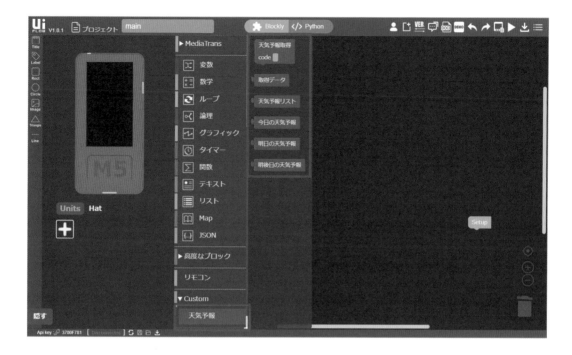

03 天気予報の取得

Step

天気予報取得ブロックを使い、取得したい場所のコードを指定します。例では130000なので東京の天気になります。このままだと結果がわからないので画面上に表示させてみます。

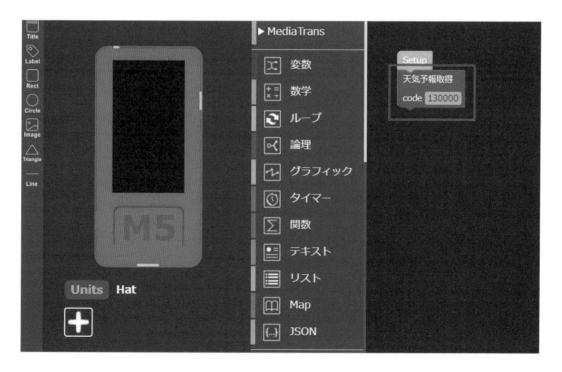

04

Step

画面に表示

日本語を表示するためにフォントをFONT_UNICODEに変更し、三日間の天気予報を表示させました。
カスタムブロックを利用すると複雑な処理も簡単に利用することが可能です。

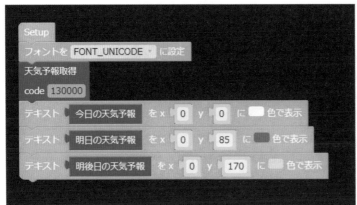 

データをインターネットに
アップロードしてみよう

前節ではインターネットからデータをダウンロードするプログラムを作成しました。
今回はデータのアップロードをしてみたいと思います。具体的にはM5StickC Plus
で測定した環境データをアップロードして、グラフ化します。

2-1 アップロード先の準備（Ambient）

データをアップロードする前に、アップロード先の準備をする必要があります。自分でサーバーを準備するか、
すでにあるサービスを利用するかになります。今回は無料で利用できるAmbientというサービスを利用します。

01
Step
Ambientのアカウント作成
Ambient（https://ambidata.io/）は**マイコンなどから送られるセンサデータを受信して蓄積し、可
視化（グラフ化）するサービス**です。現在、1日3,000件までのデータを8種類まで無料で登録すること
が可能です。8種類以上になると別途料金が必要となりますが、今回は無料で使える範囲に収まるよう
にデータをアップロードしていきます。
❶Ambientのページを開き、右上にある**ユーザー登録(無料)**をクリックします。

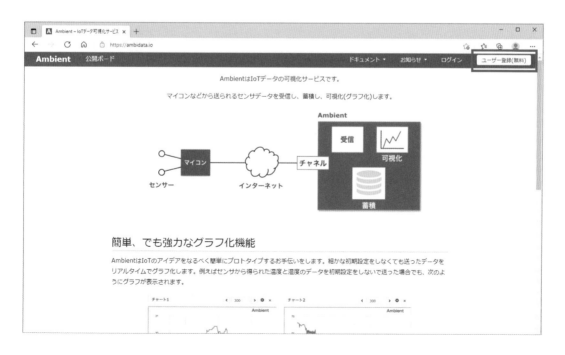

❷メールアドレスとパスワードを設定して送信します。

❸メールアドレスを確認する認証メールが送信されますので、さきほど登録したメールアドレスに受信しているかを確認します。

❹認証メールの中に記述されているURLを開くことで登録が完了します。

02 Ambientにログインする

Step

❶先程設定したメールアドレスとパスワードでログインします。

❷ログインが成功しました。最初は何も設定されていない状態です。

03

チャネルを作る

Ambientはアップロードするデータを送信する先をチャネルと呼びます。

Step ❶**チャネルを作る**ボタンを押すことで追加されます。少し時間がかかり、画面にくるくるとマークが表示されます。

❷作成されました。一番上にあるユーザーキーの他にチャネル番号やリードキー、ライトキーは重要なデータですのでパスワードなどと同じように他の人には教えないようにしてください。

04 設定変更

❶一番右側の設定の…の上にマウスを移動すると設定変更があるのでクリックします。

Step

項目	備考
チャネル名	チャネルの表示上の名前。わかりやすいものにする
説明	チャネルの概要を設定します。
データー1	データー1の名前と色を指定する
データー2	データー2の名前と色を指定する
データー3	データー3の名前と色を指定する
データー4	データー4の名前と色を指定する
データー5	データー5の名前と色を指定する
データー6	データー6の名前と色を指定する
データー7	データー7の名前と色を指定する
データー8	データー8の名前と色を指定する
緯度	データを取得している場所の緯度を指定する
経度	データを取得している場所の経度を指定する
写真の設定	写真を利用する場合の設定(実際の写真の指定)
Embed code	写真を利用する場合の設定(利用方法の指定)

❷設定画面が表示されます。

ここで設定したものはグラフなどのタイトルで利用されますので、のちほど設定することも可能です。チャネル名とデーターの名前は指定したほうがよいですが、他の項目は指定する必要は通常ありません。

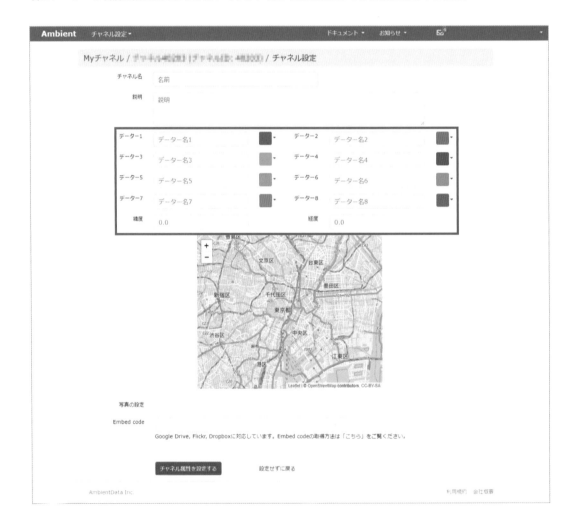

❸今回はENV IIユニットを利用してリビングの温度、湿度、気圧の変化をグラフ化してみたいと思います。1つのチャネルで8個までデータを登録可能ですが、今回は**チャンネル名、データー1に温度、データー2に湿度、データー3に気圧**を登録します。

05 チャネルの中身を表示

Step 一覧に戻ると先ほど設定したタイトルがチャネル名に反映されています。**リビングの温湿度推移**をクリックしてみます。

なにも表示されていないページが表示されました。まだデータを登録していないので空白のままですね。

UIFlow側の設定とプログラム

UIFlowをAmbient対応にする

UIFlowは標準ではAmbientには対応していません。しかしながら**GitHub（https://github.com/AmbientDataInc/UIFlow）**にてカスタムブロックが提供されていますので、これを読み込んでAmbientにデータを送信できるようにします。

❶右側にある**Releases**を開き、カスタムブロックをダウンロードします。

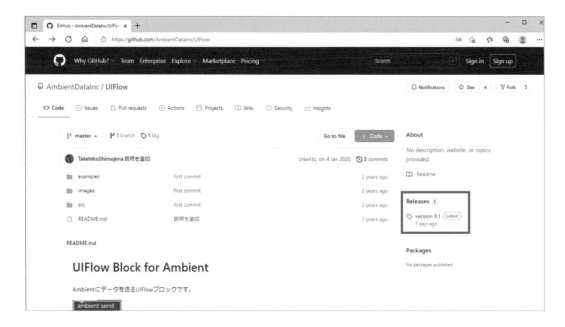

❷**ambient.m5b**がカスタムブロックになりますのでダウンロードします。

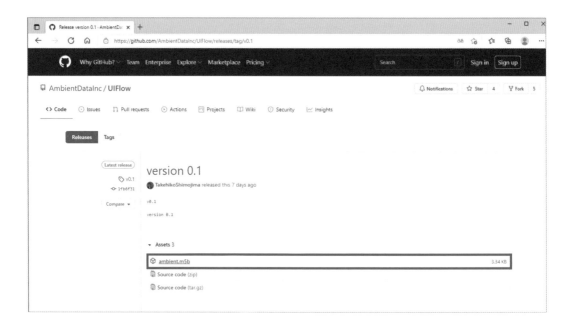

❸UIFlowに移り、**Custom**の中にある**Open *.m5b file**を選択します。

❹先ほどダウンロードした**ambient.m5b**を開きます。

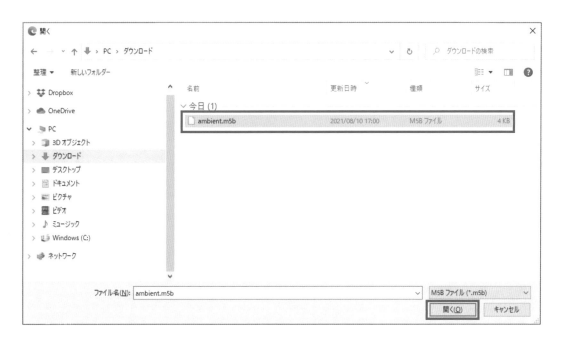

Customの中にambientのブロックが増えていたら成功です。

02 ENV IIユニット追加

Step

❶左側にある**Units**の下にある**プラスマーク**をクリックします。

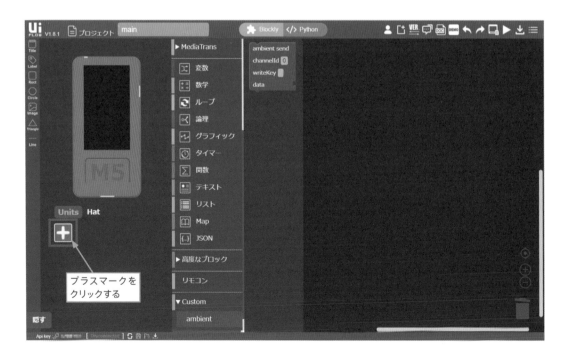

❷今回はENV IIユニットを利用しますが、ENVやENV IIIユニットでも追加するユニットが違うだけで同じ操作
になります。

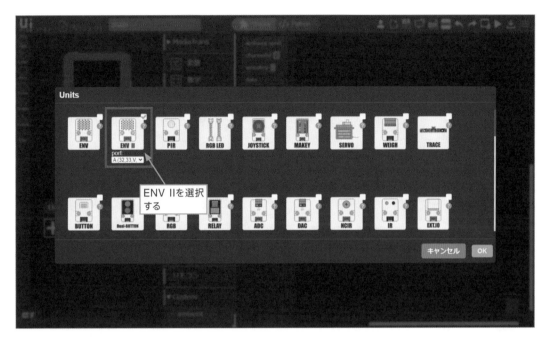

Unitsの中に環境が増えて、気圧、温度、湿度を取得するブロックが増えました。

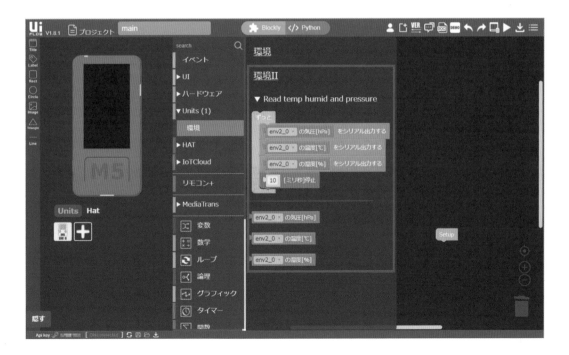

03 画面レイアウト作成

Step

画面一番上には一番左にある**Title**というオブジェクトを設置しました。画面一番上に置いてどのような処理をしているのかを表示するオブジェクトになります。その他にラベルを6つ置いて取得したデータを表示できるようにします。気圧は日本語で表示できなかったのでひらがなにしてあります。

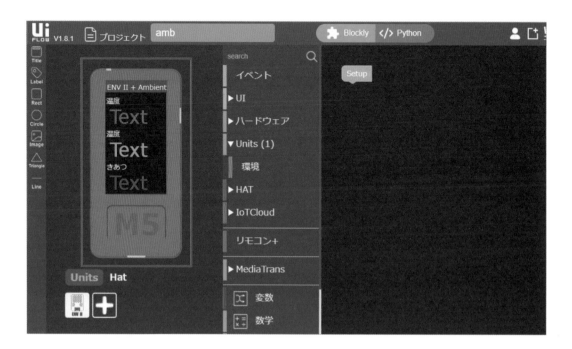

04 環境の値をラベルに表示する

Step

イベント>ずっとブロックの中に**UI >ラベルに表示**ブロックを使って値を表示しています。気圧は桁数が大きいので小数点以下を非表示にするために整数に変換しています。

> MEMO
>
> **整数に変換**
> HatのENV IIを使用する場合、温度、湿度も小数点の表示がされる場合がありますので、**整数に変換する**を使用する必要があります。

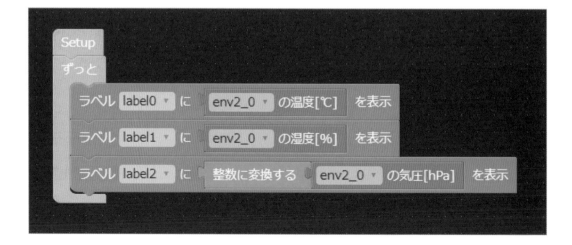

246

05 ウエイトの追加

Step

Ambientは1日3,000件までのデータを登録可能です。これは28.8秒に1回のペースですので30秒以上のウエイトを追加するのが好ましいです。ただし気温などはそれほど急激に変化しませんので5分に1回などの頻度で十分だと思います。今回は確認がしやすいように30秒間隔で動かしてみます。

タイマー>秒停止ブロックを最後に追加して、30秒と設定します。

11 更新タイミング確認

Step

このままだとどのタイミングで値が更新したのかわからないので、確認のために**ハードウェア>LED>LED ON**と**LED OFF**を処理の前後に配置して、更新時に一瞬LEDが光るようにします。この状態で実行すると30秒に一度LEDが一瞬だけ光って、温度などの情報が更新されるのがわかると思います。

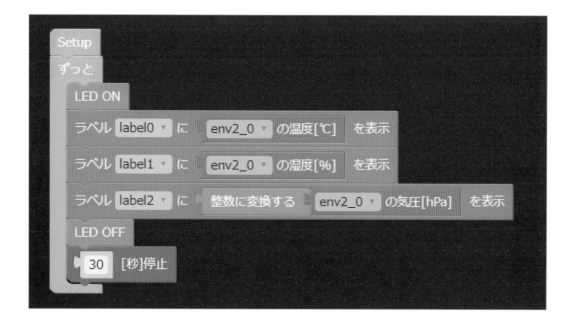

06

Step

Ambientへデータアップロード準備

channelIDにはチャネルID、**writeKey**には**ライトキー**を設定する必要があります。これはAmbient のチャネル一覧に表示されている値になります。**writeKey**は'c0e7282886e75121'などのように画 面上に表示されている文字列の前後に半角の「'」を追加する必要があるので注意してください。

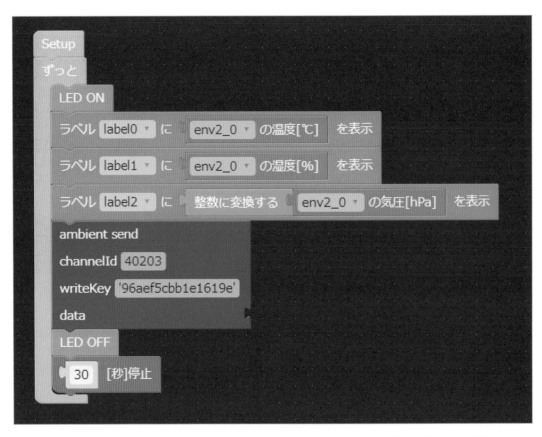

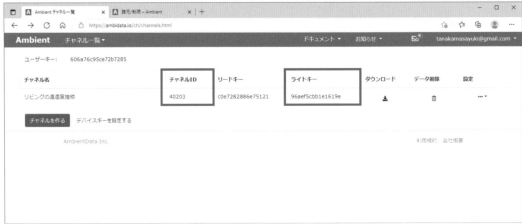

07 アップロードのデータ準備
Step

dataの部分にアップロードするデータをセットする必要がありますが、同時に8個までのデータをアップロードできるので指定方法がちょっとむずかしいです。その際、**Map**を利用してデータを準備する必要があります。

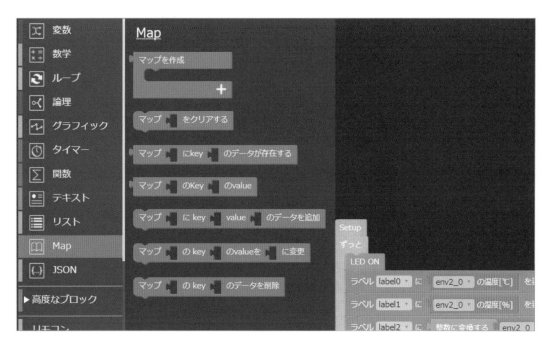

❶最初に**マップを作成**ブロックを設置します。その後右下にある＋マークをクリックします。

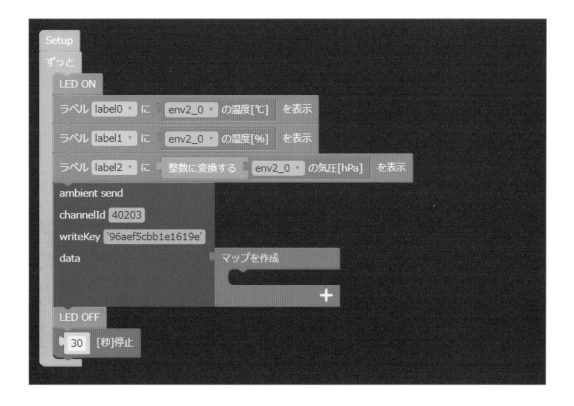

するとkeyとvalueが設定できるブロックが追加されました。ここにデータを設定することになります。

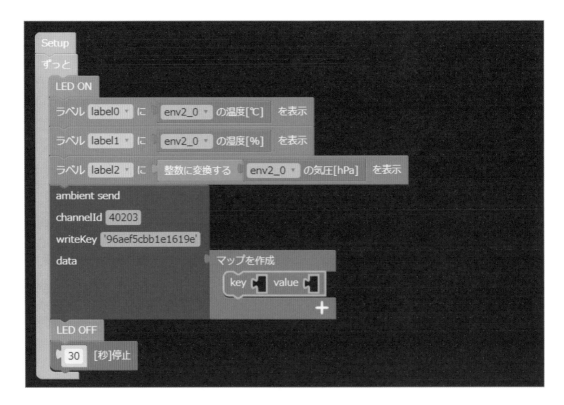

❷今回アップロードするデータは3つなので、3つ追加しました。keyの場所にはデータの名前を設定します。

名前	key
データ1	d1
データ2	d2
データ3	d3
データ4	d4
データ5	d5
データ6	d6
データ7	d7
データ8	d8

今回はデータ1からデータ3までなのでd1に温度、d2に湿度、d3に気圧を設定してみました。

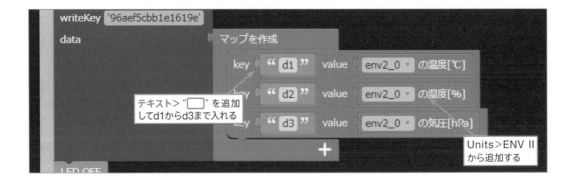

2-3 プログラムを実行する

01 実行してみる

Step
M5StickC Plusの画面は30秒に1度LEDが光って値が更新されているだけで、先ほどと大きな変化はないと思います。

先ほど空だったAmbientのチャネルページを開いてみると、データがアップロードされているのがわかります。ただし、最初のグラフだと温度や湿度の小数点以下が表示されていなかったり、気圧がわからなかったりしています。これは横幅が狭いからです。

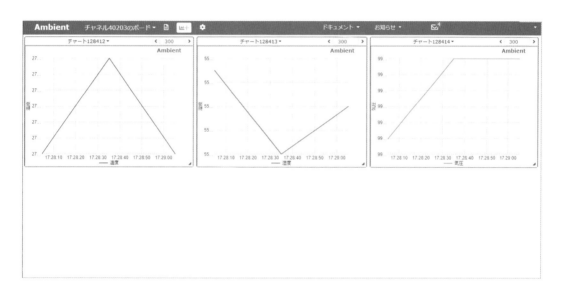

02 グラフの編集

Step
Ambientのグラフはマウスでドラッグすることで移動することができます。

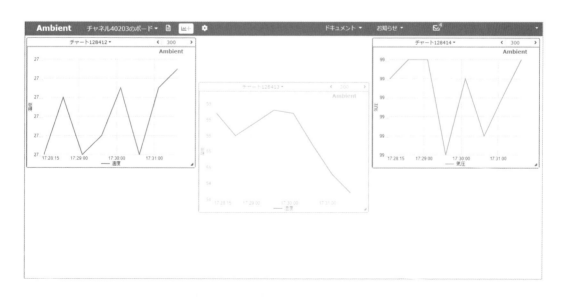

❶湿度のグラフをドラッグして温度の下に持っていきます。

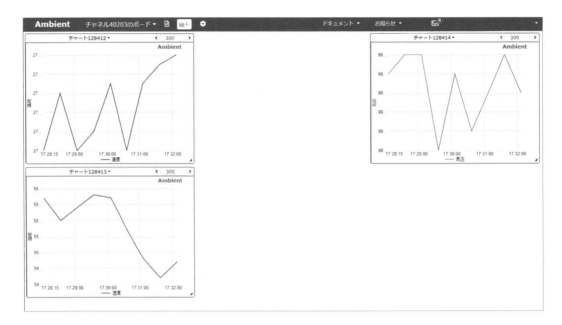

❷同じように気圧も移動します。

❸各グラフの右下にマウスカーソルを移動するとサイズを変更できるので横に広げます。

❹だいぶわかりやすいグラフになりました。ちょっと縦に長いので気圧は温度の右に移動してみます。

03 グラフの追加

現在個別に3つのグラフを表示していますが、1つのグラフで表示したものを追加してみたいと思います。

Step ❶画面上にあるプラスマークをクリックします。

❷チャネル/データ設定を選択します。

❸チャート設定が表示されるので、グラフのタイトルと温度と湿度を左軸、気圧を右軸に設定してみました。これは気圧は1000前後と非常に大きな数値ですので、0から100ぐらいまでの温度と湿度と同じ軸で表示するとほとんど差がわからなくなってしまうからです。

試しに全部左軸に表示するようにしてみると下図のようなグラフになり、細かい値の変化がわからなくなります。

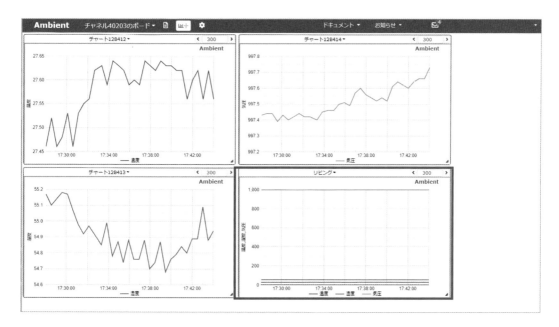

完成したのが下図のグラフです。個別のグラフを削除して、3つのデータのみのグラフにしてもよいと思います。自分が必要とされているグラフを表示可能です。また、チャネルを複数作ることで、いろいろな場所の環境データをアップロードして、同時にグラフで確認することなども可能ですので、いろいろ試してみてください。

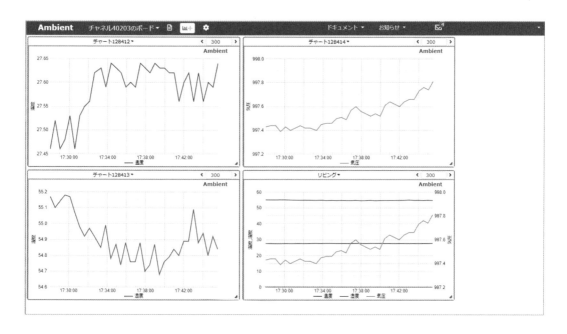

04

Step

データの確認

今回は30秒間隔で保存していますので、1画面に300のデータを表示すると150分(2時間半)の遷移が表示されることになります。気温などの変化だと細かすぎるので5分間隔にして、25時間ぐらいのデータを表示させたほうが使いやすいグラフになると思います。

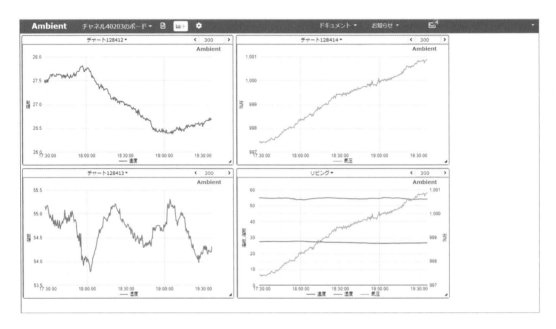

下図が5分（300秒）間隔で送信したときのグラフになります。1日の温度変化を確認できるので、こちらのほうが使いやすいと思います。

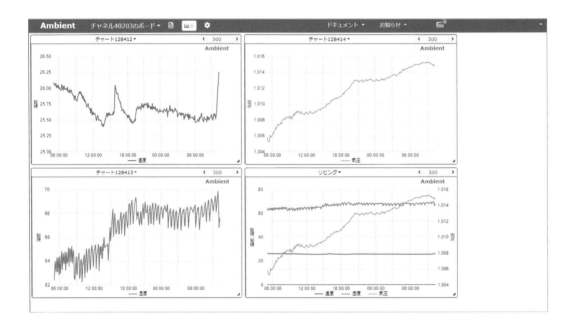

Chapter 7

3

M5Stack同士で
通信のやりとりをしてみる

この節ではUIFlowが動く端末を2つ用意して、端末間通信をしてみます。同じ端末でも別の種類の端末でも構いません。今回はM5StickC PlusとM5StickCの2台で試してみますが、どの組み合わせでも通信は可能です。ただし画面がない端末については動作確認が難しいのでシリアル通信などを使って確認をする必要があります。

3-1 端末間通信の方法

UIFlowが動く端末で標準的に利用できる**ESP-NOW**と呼ばれる方式で通信を行います。これは一般的なWi-Fiとは違ってインターネットに接続していない状態でも通信が可能です。お互いの端末が見える範囲にある必要がありますので、同じ室内ぐらいの距離であれば通信をすることが可能です。非常にシンプルな通信方式で、比較的省電力です。

01 EspNowの確認
Step 高度なブロックの中に**EspNow**ブロックがあります。ブロックは複数ありますが、通常使うものは非常に少ないです。EspNowブロックはここでの解説で何度も利用することになるので、確認しておきましょう。

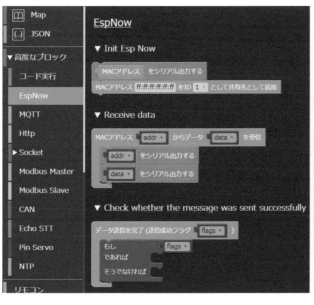

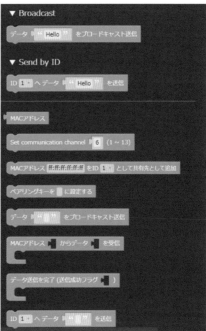

02 MACアドレスの確認

Step

まずは画面上に**UI>ラベル**を配置して、**高度なブロック>EspNow>MACアドレス**ブロックを使って端末のMACアドレスを確認してみます。MACアドレスとは、端末ごとに違う値が設定されており、このアドレスを利用して通信を行っています。

著者のM5StickC Plusは**50:02:91:92:64:1d**と表示されました。17文字で表示されていて、2桁の16進数を「**：**」で区切って6個あることになります。このMACアドレスは端末ごとに異なりますので端末を特定したり、通信したりするときに利用することができます。

MACアドレスから端末の場所を特定するなどはできないのですが、同じWi-Fiに接続している場合や、近くにいる場合には端末の特定が可能な場合があります。通常はあまり公開しないほうがよいと言われていますが、他の人に知られても直ちに問題になるような情報ではありません。

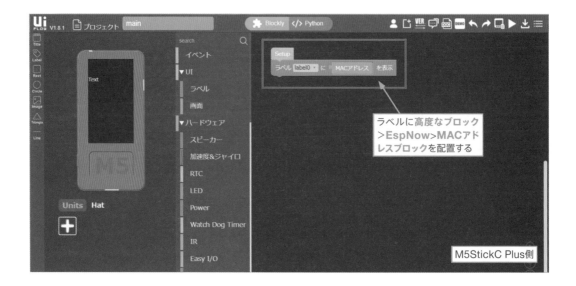

ラベルに高度なブロック
>EspNow>MACアド
レスブロックを配置する

M5StickC Plus側

03 送信してみる

Step

イベント>ボタンイベントを利用して、ボタンを押したら文字列を送信しています。ブロードキャスト送信とは近くにいる全端末に送信する方法です。本来はMACアドレスを指定して送信する方が標準的ですが、通常はブロードキャスト送信で問題がないと思います。

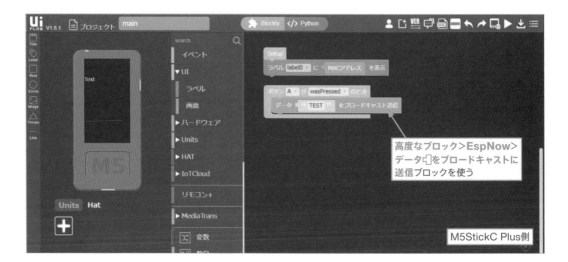

高度なブロック>EspNow>
データ□をブロードキャストに
送信ブロックを使う

M5StickC Plus側

04 受信側を準備する

今回2台の端末を操作するので、ブラウザをもう1つ開く必要があります。

Step ❶新しいタブや新しいウインドウなどを利用して、もう1つ開いてみましょう。

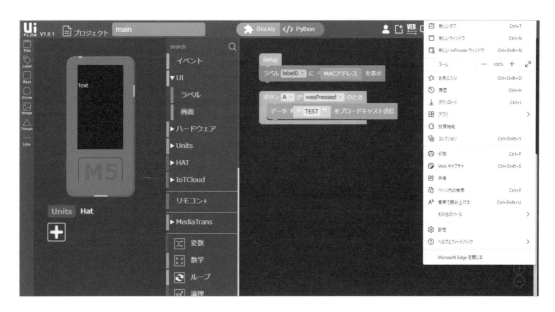

❷今あるUIFlowのURLをコピーして新しいタブを開くとUIFlowのページが開きます。先ほどまで利用していたM5StickC Plusで、ブロックがなにもない状態で開くので、左下にあるApi Keyの部分をクリックします。

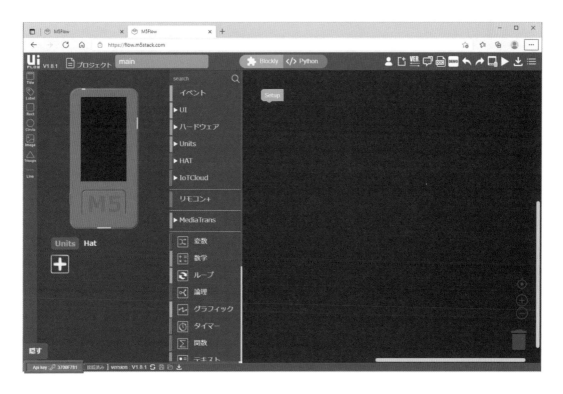

❸設定でApi KeyとDeviceをもう1台で利用する**M5StickC**に変更します。

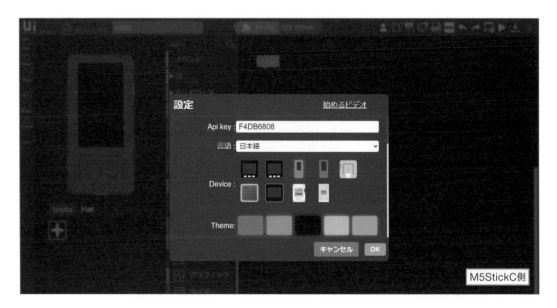

❹OKを押して、左下に接続済みと表示されれば成功です。この状態で2つの端末を個別にプログラム可能になりました。

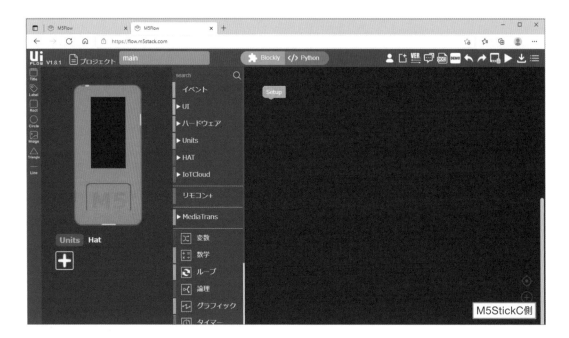

05 受信側のMACアドレス確認

Step
STEP02と同じように**M5StickC**のMACアドレスも確認しておきます。
著者の端末は**d8:a0:1d:51:5d:bd**でした。

M5StickC側

06 受信ブロックの追加

Step
変数を**MACアドレス**とデータの2つを追加します。**EspNow**>**MAC**アドレスからデータ受信ブロックに受信した**データ**と**MACアドレス**を保存するために**変数**ブロックでデータ、**MACアドレス**の変数を作成します。ラベルも2つ追加して、受信したデータとMACアドレスを表示しています。
この状態で2台のUIFlowを実行してみてください。送信側の**M5StickC Plus**のボタンAを押すと、受信側の**M5StickC**の画面に受信したデータが表示されたと思います。

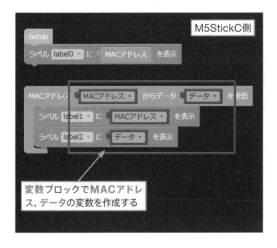

M5StickC側

変数ブロックで**MACアドレス**、データの変数を作成する

画面上に表示されているMACアドレスを見比べるとM5StickC Plusには**50:02:91:92:64:1d**と表示されていますが、M5StickCの受信したMACアドレスは**50:02:91:92:64:1c**と表示されています。これはボードには複数のMACアドレスが内蔵されており、実際にEspNowで利用するものはMACアドレスブロックで表示されているものから1つ前のアドレスになるようです。

07 送受信できるように変更

Step

M5StickC Plus側にも受信処理を追加しました。また、ボタンBを押した場合に違う文字列を送信するようにしています。

MEMO

一見すると複雑なプログラムに見えますが、実際はイベントブロック、ラベルブロック、変数ブロック、EspNowブロックで作成しています。

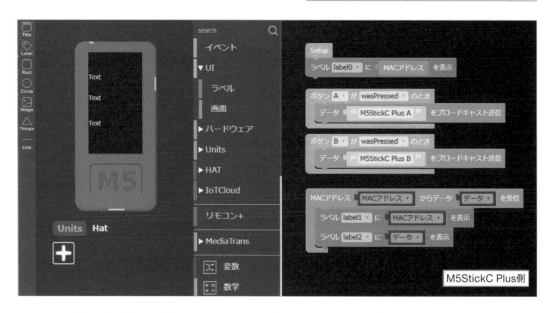

M5StickC側も送信の処理を追加しました。こちらもボタンAとBで違う文字列を表示しています。

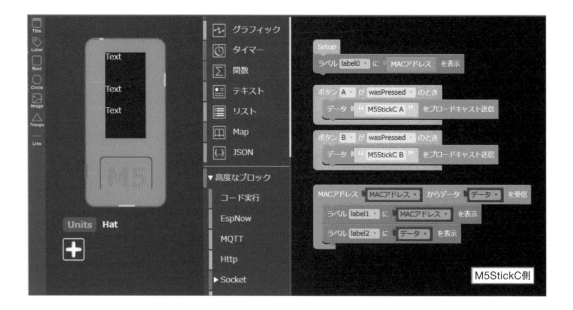

08 受信を許可するリストを作成

Step

このままだと、どんな端末が送信した
データも受け取ってしまいます。もし
周りでEspNowを使っている人がい
ると受信してしまうことになります。
そこで受信を許可するリストを作成し
てみます。
リストを作成するにはリストブロック
を使用します。

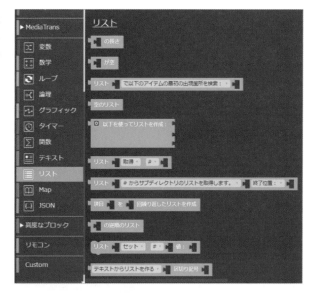

リストのブロックはいろいろありますが、普段
使うのはそれほど多くはありません。
まずは**変数**ブロックで、**受信許可リスト**という
変数を作成して空のリストを作成します。
この状態ではまだなにも登録されていない状
態です。

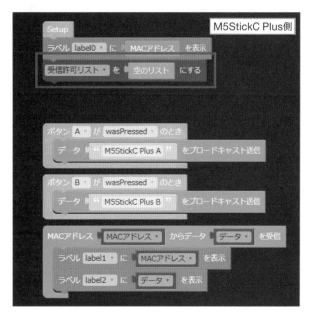

09 受信許可リストに追加

Step

リストの最後に挿入するブロックを使
って、MACアドレスのテキストを追
加します。

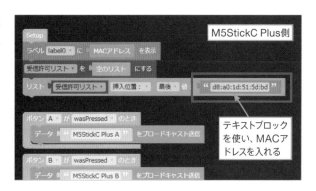

10 受信時にリストを確認する

すこし複雑になりますが、EspNowの受信ブロックの中でもしブロックを使って受信許可リストを確認しています。リストの中に受信したMACアドレスがあるのかを検索しています。リストの中にMACアドレスがある場合には見つかった場所番号、見つからなかった場合には0が戻ってきますので、≠0で受信許可リストにMACアドレスが含まれている場合のみ処理するようにしています。

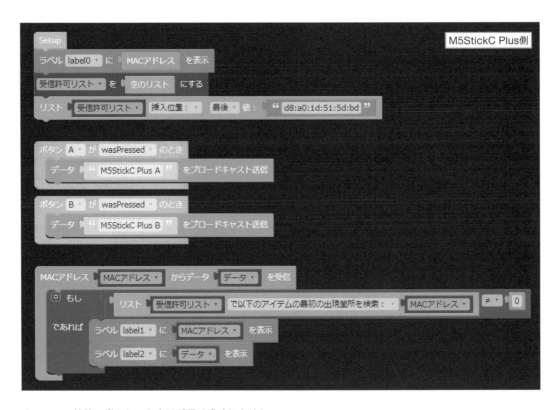

さて、この状態で動かしても実は受信は成功しません。

ブロック	値
EspNowのMACアドレス	d8:a0:1d:51:5d:bd
受信時のMACアドレス	d8:a0:1d:51:5d:bc

ESP32にはMACアドレスが4つあり、通常のMACアドレスが受信時のもので、EspNowの**MACアドレス**ブロックはUIFlow1.8.1ではSoftAPモードと呼ばれる場合のMACアドレスを表示していました。この他にもBluetoothを利用する場合と、Ethernetを利用する場合のMACアドレスがあります。すべて連番で登録されています。

実際に受信をしてみてから相手のMACアドレスを確認したほうが安全だと思われます。ただEspNowの**MACアドレス**ブロックは受信時と同じMACアドレスを表示するほうが好ましいので、今後修正される可能性があります。

11

Step

MACアドレスの修正

MACアドレスを実際の受信しているアドレスに修正しました。これで正しく受信できるはずです。

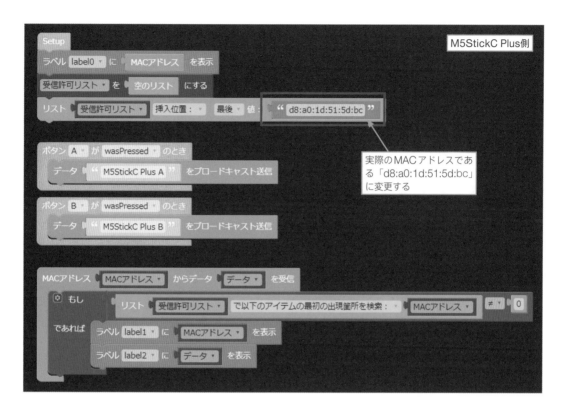

実際のMACアドレスである「d8:a0:1d:51:5d:bc」に変更する

12

Step

リストから削除して動作確認

今度はリストに追加しているブロックを取り外して無効化してみました。この状態で動かすと受信許可リストに登録されているMACアドレスはないので、受信できなくなったはずです。

13 複数登録

Step
リストには複数のMACアドレスを登録することが可能です。受信時の判定を変更する必要なく、複数のMACアドレスを判定することができます。

EspNowは非常にかんたんに通信を行うことができます。本来的には相手のMACアドレスを事前に登録してから送信する形を推奨していますが、近くで別の人がブロードキャストで送信した場合にはその通信も受信してしまいます。そのため受信時にMACアドレス判定をする処理は必ず入れておいたほうが好ましいです。

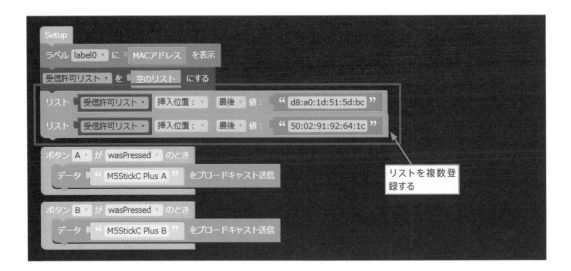

14 送信先指定方法

Step
SetupにてMACアドレスを共有先として追加ブロックを使います。このブロックにて送信先のMACアドレスを登録しておきます。送信時にはブロードキャストではなく、相手のIDを指定して送信します。これで特定のMACアドレスに対して送信することが可能です。受信時の処理はブロードキャストでも特定MACアドレスへ送信した場合でも同じ処理になります。

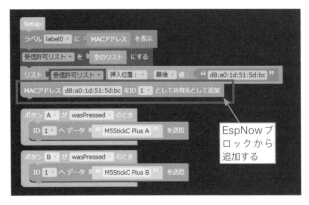

ブラウザからM5StickCを操作してみる

4

UIFlowが動いているボードがWebサーバーとなり、パソコンやスマートフォンなど
からブラウザでアクセスすることができる機能があります。同じような機能でリモコンと
リモコン＋のブロックがありますのが、より新しいリモコン＋の使い方を説明したいと
思います。

4-1 リモコン

UIFlowの提供する純正のリモート接続用のブロックです。従
来はこちらの機能のみでしたが、さらに機能追加された**リモコ
ン＋**が追加されましたので今後は利用されないと思います。

4-2 リモコン＋

UIFlow標準のリモート連携用のブロックです。ブラウザとUIflowのボードを連携させることが可能です。

◻ **ブロックの説明**
ブロックは1つしかありません。このブロックは**二次元バーコード（QRコード）**を画面上に表示するブロックに
なります。

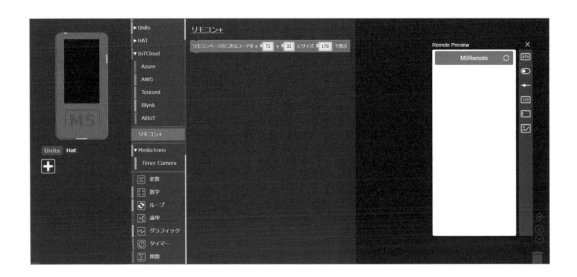

01 二次元バーコードの表示

Step

❶Setupにそのまま設置してみます。

この状態で実行すると画面上に二次元バーコードが表示されます。

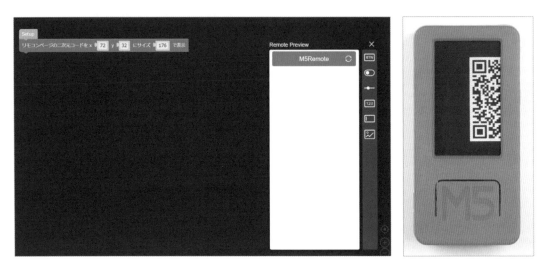

しかし、画面からはみだしてしまっていますね。これはデフォルトの二次元バーコードはM5Stackなどの画面が大きい端末用に設定されているので、M5StickC Plusだとはみ出してしまうのです。

❷画面いっぱいに表示させるためにはxを0、yを0で一番左上から表示させて、大きさは横幅である135に設定します。

この設定にて画面いっぱいに二次元バーコードを表示することができました。しかしながらやはり画面が小さいのでスマートフォンなどで読み取ろうとするときぎりぎりの大きさだと思います。カメラの機能で拡大ができる場合には拡大をしないと読み取るのが難しいかもしれません。

一番画面の小さいM5StickCの場合にはサイズを82にしたところ、手元のスマートフォンでQRコードを読み取ることができました。ただ本来M5StickCは横幅が80しかないはずなので、QRコードのまわりの余白が表示されておらず適性なQRコードではありません。またサイズを正しい80にした所真っ白の画像が表示されQRコードが表示されませんでした。

02 Remote Preview

Step

画面右側にあるRemote Previewの説明をしたいと思います。ここにはブラウザと同じ画面が表示されます。右側にボタン、スイッチ、スライダー、ラベル、インプット、画像のアイコンが表示されています。このアイコンが部品になっており、これを画面上に設置することでUIFlowとブラウザの連携が可能です。

先程の二次元バーコードをスマートフォンで開いたところ、Remote Previewと同じ画面が開いています。この画面は二次元バーコード以外からも開くことができますので後ほど開き方を説明したいと思います。

03 ボタンを追加しよう

BTNと書かれたアイコンを**Remote Preview**にドラッグすると、ボタンを設置することができます。

Step ❶一番左上に設置してみました。すると左にButton 1 Callbackというブロックが追加されました。また、Remote Previewの右に二次元バーコードのアイコンも追加されています。

❷このアイコンを押してみます。UIFlowの端末に出ているのと同じ二次元バーコードが画面上にも表示されました。Copy Urlをクリックすると実際のURLがクリップボードにコピーされます。もう一度二次元バーコードのアイコンをクリックすると表示が消えます。

❸コピーしたURLを開くとブラウザから設置したボタンが追加されているのが確認できると思います。

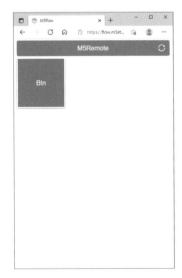

04

ボタンの設定をする

Step

❶次に設置したボタンをクリックします。設定画
面が開きます。

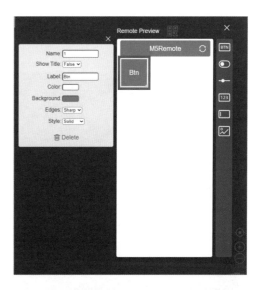

❷**Show Title**を**True**にするとボタンの上にタイトルが
追加され、Nameに設定した文字が表示されます。Name
には日本語は利用できません。

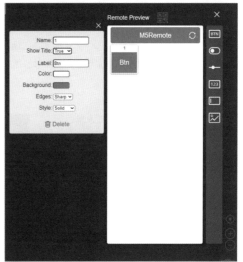

❸Labelはボタンに表示される文字になります。**Label**に
は日本語が利用できます。他の項目は見た目にかかわると
ころなので、色や形は自由に触ってみてください。

LEDオンの横幅が足りないようでしたのでボタンの右下をドラッグして大きさを大きくしました。LEDオフボタンを同じように追加しました。コールバック関数ブロックには**LED ON**、**LED OFF**ブロックを追加してブラウザから操作できるようにしました。

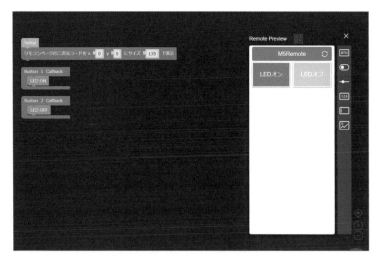

ブラウザを更新してみると、ボタンが2つに増えています。LEDオンとLEDオフのボタンを押してみるとUIFlowの端末のLEDも同じようにオンになったりオフになったりします。

05
Step

スイッチを使ってみる
❶**スイッチ**を設置してみました。スイッチのコールバック関数が追加されています。スイッチの場合にはONとOFFの状態があるので**swtich_value**という変数が追加されていますね。

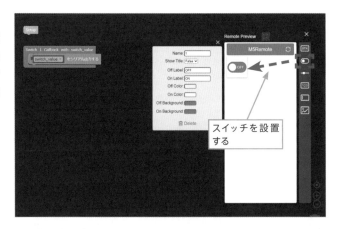

スイッチを設置する

端末の画面上にLabelを設置して、値を表示させてみました。スイッチがOFFのときには0、ONのときには1になるようです。

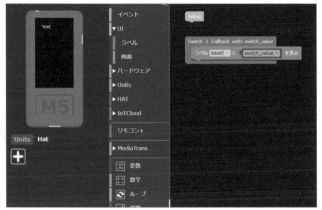

もしブロックにそのまま接続することができたので図のように設定することで、スイッチの状態に応じたLEDの制御が可能です。
右図のように論理ブロックを利用して1の場合LED ONにすると明記してもわかりやすくて良いと思います。

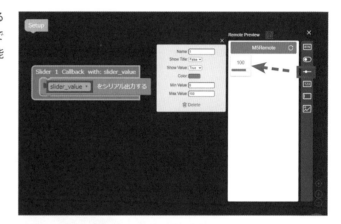

06 スライダーを使ってみる

Step　スライダーは横方向に移動できるボリュームです。設定した範囲で数値を変更することができる機能となります。

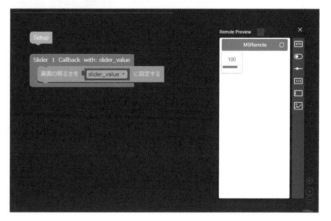

UIFlow端末の画面の明るさをスライダーで変更してみたいと思います。黒い画面だとわかりにくいので、背景を白くしてみます。この状態で動かしてみてください。スライダーを変更するとUIFlow端末の画面の明るさも変わると思います。
ただし、スライダーの必ず0からはじまります。初期値の設定ができないのがちょっと残念ですね。

07 ラベルを使ってみる

Step

ラベルはブラウザ上に値を表示させることができます。3秒ごとに値が更新されて、ブラウザに反映されます。

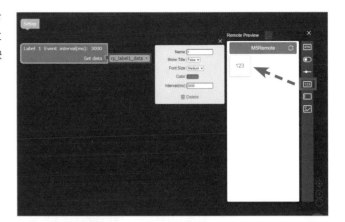

ENV IIユニットを利用して、温度と湿度を設定してみました。

ブラウザ上から温度と湿度を確認できました。よくみていると3秒ごとに値が更新しているのがわかると思います。

08

Step

インプットを使ってみる

インプットはテキストなどを入力できる部品になります。ブラウザから文字や数字などをUIFlow端末に送信することができます。

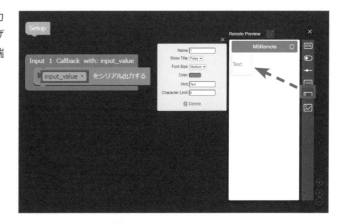

UIFlow端末の画面にラベルを追加しました。

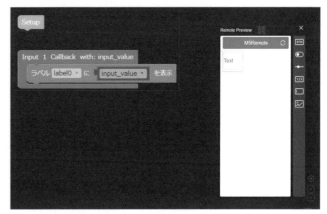

ラベルのフォントをUnicode 16にすることで日本語も表示が可能となります。
この状態で動かすことで、ブラウザから設定した文字が画面上に表示されたと思います。

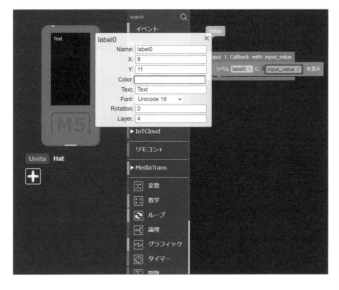

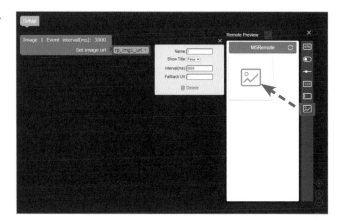

09 画像を使ってみる

Step この部品はちょっと使い方が難しいです。

あらかじめ画像をインターネット上にアップロードして、そのURLをセットすることで画像を表示させます。天気予報の情報を取得した場合に、マークを画面に表示したい場合などに利用するとよいと思いますがホームページなどを持っていない場合には利用しにくいと思います。

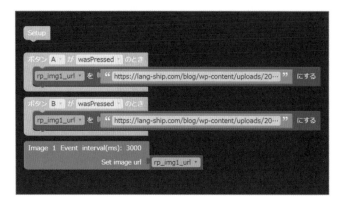

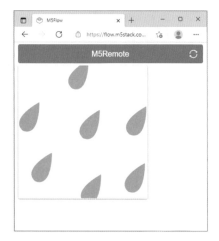

応用的な機能を知ろう

これまでに説明しきれなかったことや、プラスアルファで知っていて欲しいこと。そして次の一歩としてどのようなことを学べばいいのかをまとめてみました。

保存と読み込み

Chapter 8

1

UIFlowの利点として、小さいプログラムを簡単に作成できることがあります。しかし、小さいプログラムであれば毎回最初から作るのも練習になるのですが、大きめのプログラムは保存したものを再利用できると便利です。また、作成途中でも定期的に保存しておくとプログラムが壊れたときに正しく動いていた状態まで戻ることができます。

1-1　ファイルに保存

まずは一番基本的なブラウザからファイルとして保存する方法です。保存したファイルを読み込むことで、保存した状態に戻ることが可能です。

01 **プログラムに名前をつける**

Step 画面の左上にあるテキストボックスにプログラムの名前を入力します。この名前はプログラム自体には関係ありませんので、好きな名前をつけることができます。複数のプログラムを保存する場合に区別ができるような名前をつけるようにしてください。

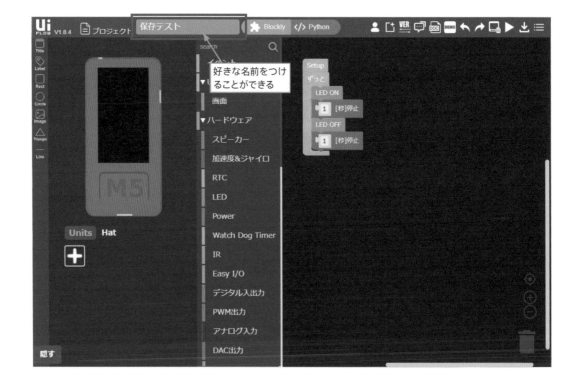

02

Step

メニューから保存するを選ぶ

右上のメニューから**保存する**を選ぶか、画面下にある**Save the m5**を選択するとプログラムをファイルに保存することができます。

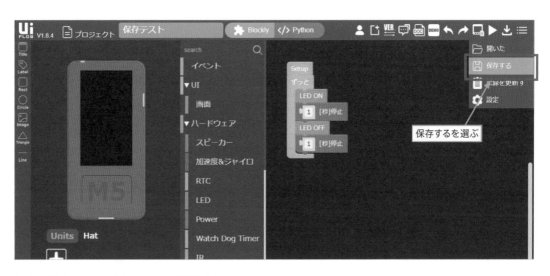

保存を選択すると、ダウンロードが開始されます。

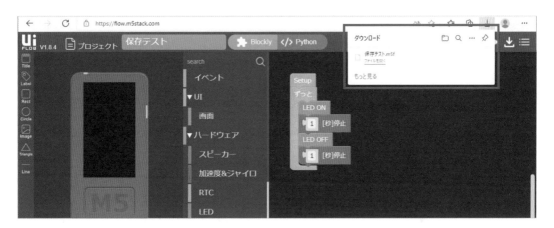

同じ名前で複数回保存すると**保存テスト.m5f**の次は**保存テスト (1).m5f**などの連番で保存されます。数字が大きなものが新しいファイルとなります。名前に日付や時間などを追加することでファイル名にも反映されます。

自分がわかりやすい方法でこまめに保存しておくことをおすすめします。

1-2　ファイルを読み込む

保存したファイルを読み込む方法です。あらかじめファイルを保存しておき、ファイルを準備しておいてください。

■ 最初の状態に戻す

メニューより**NEW FILE**を選択するか、ブラウザの更新ボタンなどを使うことで最初の状態に戻ります。ただし、**NEW FILE**の場合にはカスタムブロックなどは読み込んでいる状態のままです。ブラウザの更新ボタンは完全に最初の状態まで戻ります。

最初の状態に戻りました。

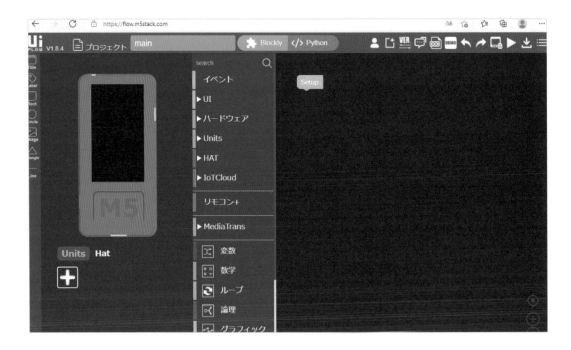

■ ファイルを読み込む

右上のメニューより**開いた**を選択するか、画面下にある**Load the m5**を選択するとプログラムをロードすることができます。

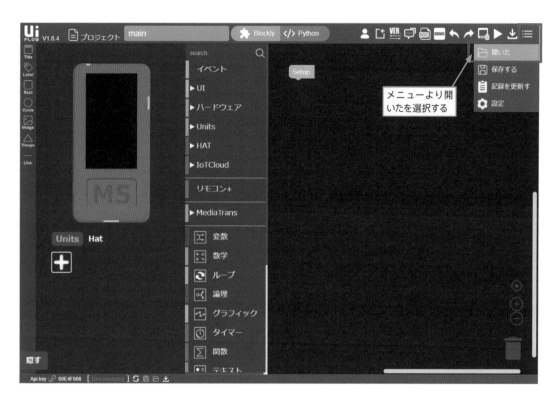

ファイル選択ダイアログから、先ほど保存したファイルを開きます。

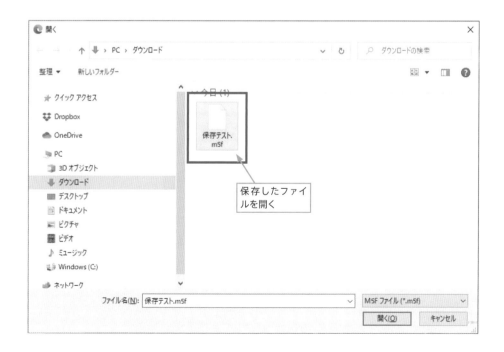

先ほどのプログラムに戻りました。ただし、Chapter7で紹介した**カスタムブロックを使っている場合は、開く**
前にカスタムブロックをあらかじめ読み込んでおく必要があります。

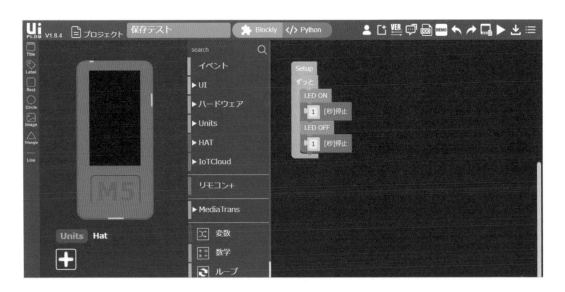

1-3 | ボード内部に保存

UIFlowのプログラムをボード内部に保存する方法です。インターネット環境がない場所でも保存したプログラムを動かすことが可能です。反面ちょっと使いにくいところがあるので注意点も説明します。

□ ダウンロード方法
画面上より**DOWNLOAD**を選択するか、画面下にある**Download the m5 to the device**を選択するとプログラムをボードにダウンロードすることができます。
その後ボードではダウンロードしたプログラムが自動的に実行されるはずです。注意したいのが、この状態から元のモードに戻る方法がわかりにくいことです。ダウンロードボタンは実行ボタンの右にあるため間違って押しやすいので注意しましょう。

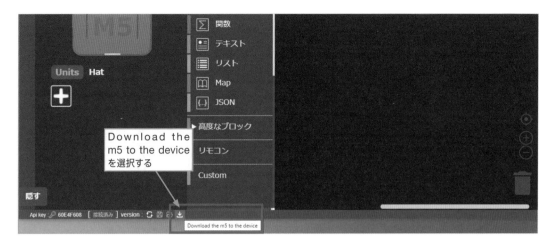

Download the
m5 to the device
を選択する

Download the m5 to the device

□ 元の状態に戻す

M5BurnerのConfigurationボタンを使うこと
でモード変更が可能ですが、本体だけの操作でも
同様のことができます。ボードの種類によって操
作は若干異なるのですが、電源をいれた場合やリ
セットをした場合に一瞬メニューが出ますので、
その瞬間にボタンを押すことで設定画面に入るこ
とができます。M5StickCの場合はタイミングが
難しいのでボタンを押したまま起動させるのが確
実です。

ボタンを押したまま起動させると右の画面が表示
されます。この画面で真ん中にあるボタンAを押
すと元の状態に戻ることができます。右側にある
ボタンBを押すとメニュー選択になります。

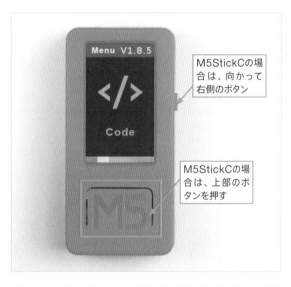

M5StickCの場
合は、向かって
右側のボタン

M5StickCの場
合は、上部のボ
タンを押す

Setupは Wi-Fiアクセスポイントの設定などを変
更するための画面になります。操作が難しいので
なるべくM5BurnerのConfigurationボタンか
ら設定することをおすすめします。

APPListはボード内部に保存してあるプログラム
を呼び出して実行するモードです。この画面で真
ん中のボタンAを押すとさらにプログラムの一覧
が表示されます。

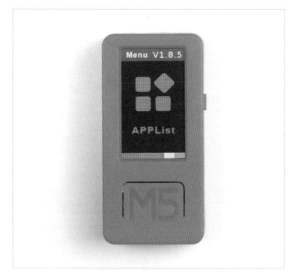

右側にあるボタンBを押すとメニューが移動しま
す。先ほどはプログラムの名前を変更しないまま
ダウンロードしたのでmain.pyが保存したプログ
ラムになります。真ん中のボタンAを押すことで
選択したプログラムが実行されます。このように
複数のプログラムを保存しておき、切り替えて実
行することもできます。

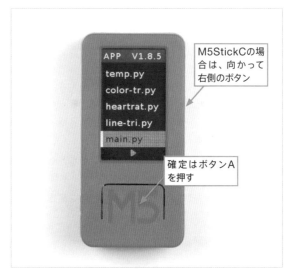

M5StickCの場
合は、向かって
右側のボタン

確定はボタンA
を押す

ボード内のファイル管理

プログラムをダウンロードして実行できるようになりましたが、このままだと必要ないプログラムをダウンロー
ドした場合に消すことができません。UIFlowではファイル管理機能があり、ファイルの削除や追加などが可能
になっています。

01

Step

Pythonタブを開く

ボードに接続済みの状態で、上メニューにある**Python**タブを選択すると、左側にあるボードの画像の下にファイルマネージャーが表示されます。ここでボード内部に保存したファイルを管理することができます。

赤い文字でエラーが表示されている場合には、ボードに接続できていない状態です。
ファイルマネージャーの一番左**Refresh file list**アイコンがボードに再接続をして、ファイルリストを更新する機能になります。このボタンを押すことで再接続し、最新のファイル一覧が表示されるはずです。

フォルダを確認してみる

Step

フォルダを開いて、中に入っているファイルを確認してみました。**apps**フォルダには最初から複数の
プログラムが入っている場合があります。main.pyが先ほどボードに保存したプログラムになります。

フォルダ名	概要
apps	UIFlowのプログラムを保存する領域
res	画像などのリソースファイルを保存する領域

03
ファイルを開いてみる

Step

line-triangle.pyを選択してみました。右側になにやらプログラムの中身が表示されています。
UIFlowはグラフィックプログラムと呼ばれるブロックを組み合わせてプログラムを行いますが、その
裏側では**MicroPython**と呼ばれるテキストプログラムの言語を自動生成して動かしています。ここで
表示されているものはMicroPythonでのプログラムになります。

1-5 画像の保存

UIFlowでは自分で作成した画像などを読み込ませて表示させることが可能です。あらかじめボードに画像を保存しておき、その画像を表示する手順になります。

01
Step

画面にイメージを追加する

一番左にあるメニューから**Image**アイコンを選択して画面に追加します。この状態ですとまだ画像は選択されていません。

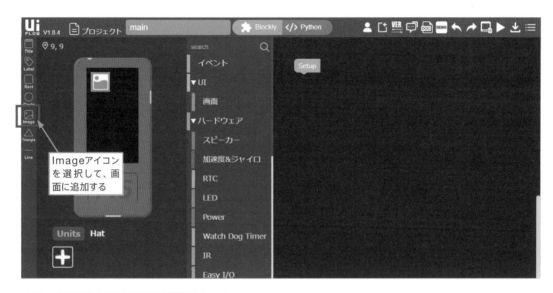

イメージを選択すると設定画面が表示されます。

項目	備考
Name	イメージの名前。変更しなくても良い
X	横の座標
Y	縦の座標
Image Path	画像のファイル選択
Visibility	表示するか
Layer	前後の重なり

重要なのは**Image Path**になります。ここで画像を選択することになります。

02
Step

画像をアップロードする

設定画面のImage Pathの一番右にある画像アイコンをクリックするとアップロードする画像を選択するダイアログが表示されます。あらかじめ作成しておいた画像を選択することでアップロードが可能です。

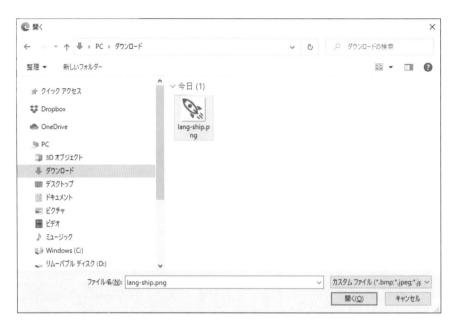

ファイル形式	備考
*.bmp	Windowsでよく使われるフォーマットですがファイルサイズが大きいのでおすすめしません
*.jpeg	写真などでよく使われるフォーマットで、色数が多いものを小さいファイルサイズで保存することができます
*.jpg	上記と同じフォーマットですが、ファイル名の末尾にある拡張子がjpegからjpgに短くなっているものです
*.png	色数が少ない場合にキレイでファイルサイズも小さく保存できます
*.pbm	特殊なフォーマットであまり使われていません

Windowsの場合ペイントなどで自分で作成した画像はpng形式が適していて、写真などの場合にはjpg形式で保存するのが一般的です。

03
Step

ファイルの確認

Image Pathのプルダウンメニューを開いてみました。先ほどアップロードしたlang-ship.pngが追加されています。

lang-ship.pngに変更したところ、画面上の画像も更新されました。

アップロードされたファイルはここに保存されていますので、不要になったファイルは右側にあるゴミ箱のマークをクリックして消してください。

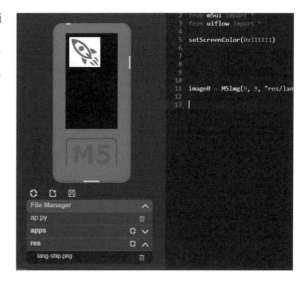

04 ファイルマネージャーで確認

Step

Pythonタブを選択し、先ほどのファイルマネージャーより、resフォルダの中身をみると**lang-ship.png**が増えていました。

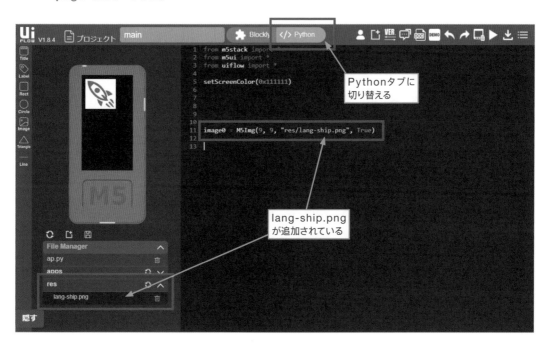

トラブルシューティング

Chapter 8

2

UIFlowを触っていると、動作がおかしくなることがたまにあります。その場合にはリセットや電源をオフにしてから入れ直すことで回復することがあります。

2-1 リセット

M5StickC Plusの場合、UIFlowは左側にある電源ボタンを押すことでリセットします。 リセットしない状態で新しいプログラムを実行することも可能ですが、たまに昔の情報が残ったまま動くことがありますのでおかしいなと思ったらリセットしてから再度実行してみてください。特に通信系のプログラムでリセットせずに新しいプログラムを実行すると通信が終わらないことがあります。

リセットは短く押す

2-2 電源オン・オフ

電源ボタンを6秒以上押すとM5StickC Plusの電源が切れます。再度電源ボタンを押すと電源が入り状態が完全に初期化されます。LEDを光らせたり、ブザーを鳴らしている場合にリセットをしても止まらない場合があるので、電源オン・オフをすることで確実に最初の状態に戻ることができます。

電源オフは6秒以上押す

2-3 UIFlowのバージョンアップ

ブラウザで動いているUIFlowと、ボードで動いているUIFlowのバージョンが違う場合にはブラウザで動いている最新バージョンまでM5Burnerを利用して更新してみてください。最新版をダウンロードして、Burnボタンで転送するだけであればボードの中身やApi keyは変わらず、バージョンアップだけされます。

2-4 Eraseと再転送

ボードを初期化してからUIFlowを再設定したほうがよい場合もあります。**特にボード内部の保存領域がおかしくなった場合などはM5BurnerのEraseを利用してボードの中身をすべて消してから、最新のUIFlowを転送しなおしてください。**この場合にはボードに保存していたデータがすべて消え、Api keyも変わりますので注意してください。

複数のユニットを接続する

3

これまで1つのユニットのみ接続してきましたが、ボードによっては複数のユニットを接続することができます。また1つしかポートがないボードでも、拡張用のユニットを使うことで複数接続することができます。

3-1　複数接続できるボード

タブ	対象ボード	PortA	PortB	PortC	Port備考
CORE	M5Stack Basic	○	—	—	PortAは内部I2Cと共有
	M5Stack Gray	○	—	—	PortAは内部I2Cと共有
	M5GO	○	○	○	PortAは内部I2Cと共有
	M5Stack Fire	○	○	○	PortAは内部I2Cと共有
	M5Stack Core2 for AWS	○	○	○	PortAは独立
STICKC	M5StickC		○		独立した万能型が1つ
	M5StickC Plus		○		独立した万能型が1つ
ATOM	ATOM Matrix		○		独立した万能型が1つ
	ATOM Lite		○		独立した万能型が1つ
COREINK	M5Stack Coreink		○		独立した万能型が1つ
PAPER	M5Paper	○	○	○	コネクタの色は全部白
STAMP	M5Stamp Pico		○		独立した万能型が1つ

上記の表が各ボードで利用できるユニットの種類です。ユニットはコネクタの色により種類がわかれており、ポートと対応する色のユニットの組み合わせでしか動かすことができません。M5Paperは裏側の説明欄に色はあるのですが、薄型のためコネクタの色は白のみのため注意してください。

ポート	色	種類
PortA	赤	I2C
PortB	黒	GPIO
PortC	青	UART
万能型	白	任意の色で使える

M5StickC Plusは万能型の白いポートですので、どのユニットを接続することが可能です。M5Stack Basicは赤いポートしかありませんので、I2Cの赤いユニットしか接続することができません。M5Stack Fireは3種類ともポートがありますので、赤と黒など色が違うユニットを対応する場所に接続することで、同時に複数のユニットを接続することが可能です。

3-2 赤(PortA)を複数同時に接続する

● 拡張ハブユニット (https://www.switch-science.com/catalog/5696/)

拡張ハブユニットを使うと、赤いユニットを複数同時に使うことができます。4つのポートがあり、ボードに1つ接続し、残り3つをユニットに接続することができます。接続する場所はどこでも同じですので好きな場所に接続してください。

このユニットは中身で接続を単純に分岐してくれています。そのため同じ種類のユニットを複数接続することができません。これはI2Cと呼ばれる赤いポートは複数のユニットが接続されていても、ユニットの中にあるICのI2Cアドレスを指定することで通信を行うことができます。しかし、同じユニットを接続するとI2Cアドレスが同じになるため、どちらのユニットかを特定することができず通信ができなくなります。

Address	Device
0x27	EXT.IO
0x28	RFID
0x29	Color, ToF
0x33	Thermal
0x40	PbHUB
0x48	ADC
0x51	Makey
0x52	Joystick
0x53	ACCEL
0x57	Heart
0x5A	NCIR, Trace
0x5C	ENV
0x5F	CardKB
0x60	DAC
0x70	PaHUB
0x76	ENV

● I2C Address Table (https://static-cdn.m5stack.com/image/m5-docs_table/I2C_Address.pdf)

上記はM5StackがまとめたI2Cユニットの中で利用しているI2Cアドレスの一覧になります。これをみるとColorユニットとTofユニットは同じI2Cアドレスなので同時に利用することができません。このようにユニットの組み合わせによっては同時に利用できないので注意してください。

■ 接続方法

M5StickC Plusに拡張ハブユニットを接続し、そこにENV IIIユニットと、ジョイスティックユニットを接続してみます。

01 ENV IIIユニットを追加

Step

まずはENV IIIユニットを追加します。M5StickC Plusには万能型であるPortAしかありませんので、PortAを指定します。

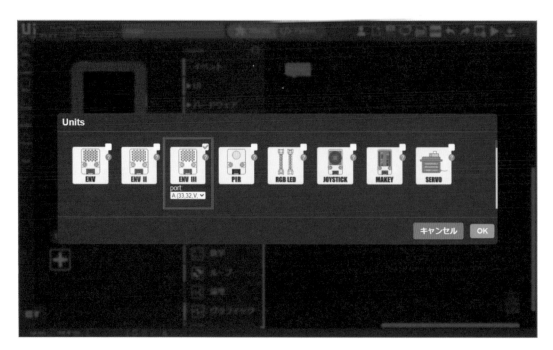

追加されました。

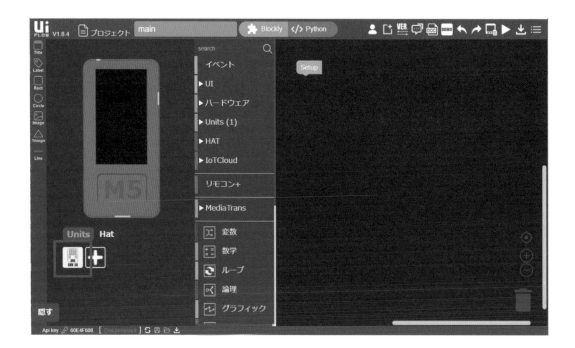

02 ジョイスティックユニットを追加

Step

ジョイスティックユニットも同じようにPortAを選択して追加します。

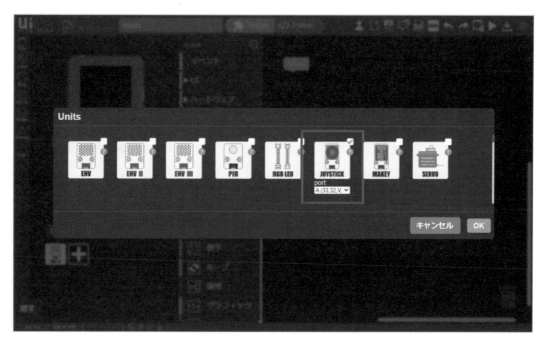

追加できました。これでユニットの中には環境とジョイスティックの両方が使えるようになっています。拡張ハブユニットは同時に複数のユニットを利用できますので1つ接続したときと同じように追加することができます。もし複数接続して動かない場合には、個別に接続をして動作確認をしてみてください。個別だと動作する場合にはI2Cアドレスが同じ場合が考えられますので、PortA(I2C)拡張ハブユニットの利用を検討してください。

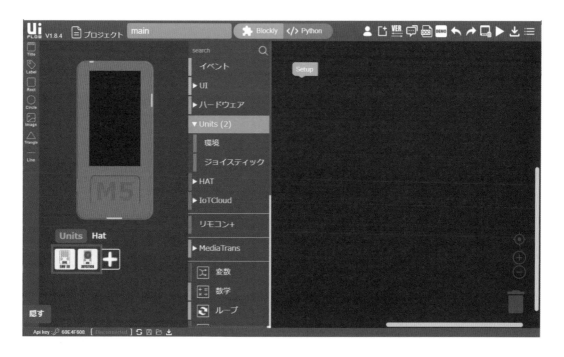

赤(PortA)を切り替えて利用する

PortA(I2C)拡張ハブユニット (https://www.switch-science.com/catalog/5698/) はPortAのハブなのでPaHubとも呼ばれI2Cの切り替えスイッチです。拡張ハブユニットは同じI2Cアドレスのユニットを接続できなかったのですが、PortA(I2C)拡張ハブユニットを使うことで同じユニットを複数接続することも可能になります。

PortA(I2C)拡張ハブユニットは、6個のポートを切り替えて使うことで、同じI2Cアドレスでも同時に接続することが可能です。UIFlowで使う場合、切り替えは自動で行われるので非常に簡単に使うことができます。

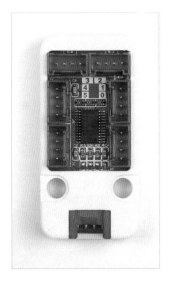

■ 接続方法

PortA(I2C)拡張ハブユニットは接続する場所に意味がありますので注意しましょう。ボードのPortA用のポートからPortA(I2C)拡張ハブユニットの下にある場所に接続します。根本のユニットのポートがボードへ接続する場所になります。

その他のポートですが、PortA(I2C)拡張ハブユニットの中に書いてありますが右下から0番、その上が1番となっており、5番までの6ポートあります。

ポート0番にENV IIIユニット、ポート1番にジョイスティックユニットを接続してみたいと思います。0番から5番までのどこのポートに接続するかは関係ありませんので、接続しやすい場所に接続することも可能です。

01
PortA(I2C)拡張ハブユニットを追加

Step

ボードから最初に接続されているのはPortA(I2C)拡張ハブユニットですので、まずはPortA(I2C)拡張ハブユニットを追加します。通常と同じようにM5StickC PlusのPortAを指定します。

ユニットにPA_HUBのブロックが追加されました。後ほど使い方を説明したいと思います。

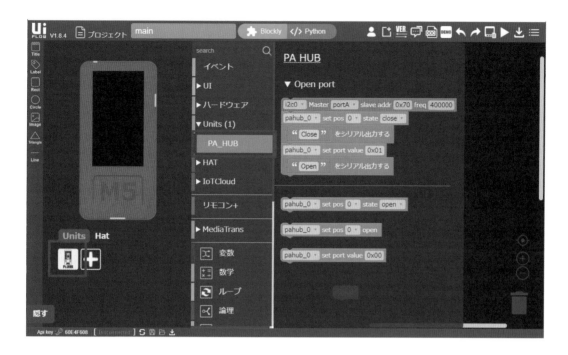

02 ENV IIIユニットを追加

ユニットの追加でENV IIIを選択します。ポート指定でPAHUBを選択します。これで直接接続ではなく、PortA(I2C)拡張ハブユニット経由で接続していることを指定します。PAHUBを選択するとその下にPaHubの接続先ポート番号を指定できるようになります。ENV IIIを接続しているポート0番を指定して追加します。

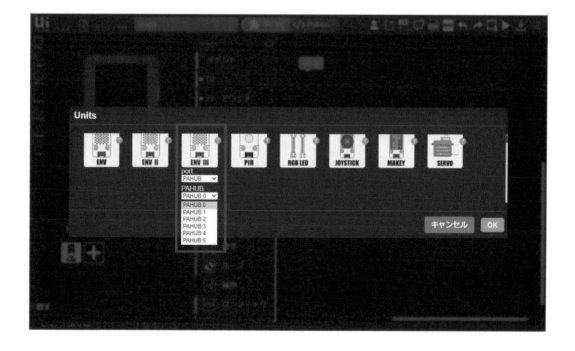

PortA(I2C)拡張ハブユニットに続き、ENV IIIユニットも追加されました。

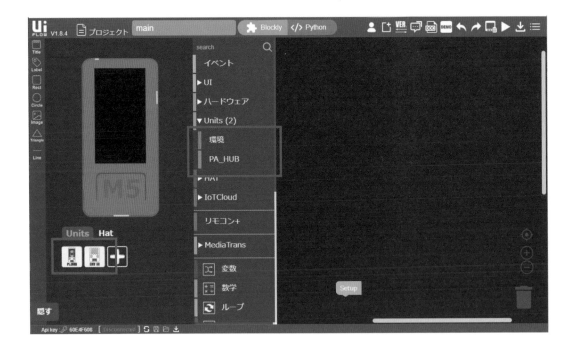

03 ジョイスティックユニットを追加

ジョイスティックユニットもPAHUBを選択して追加します。

Step 同じようにジョイスティックユニットが接続されているポート1番を指定して追加します。

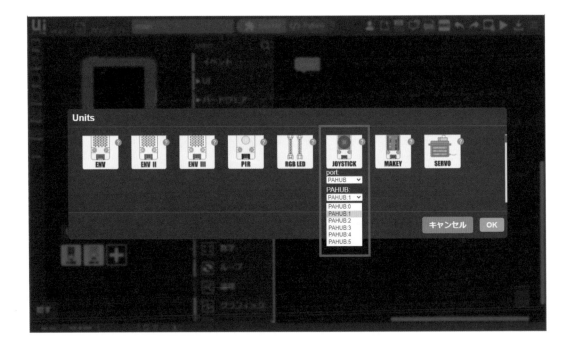

これで3つのユニットがすべて登録されました。

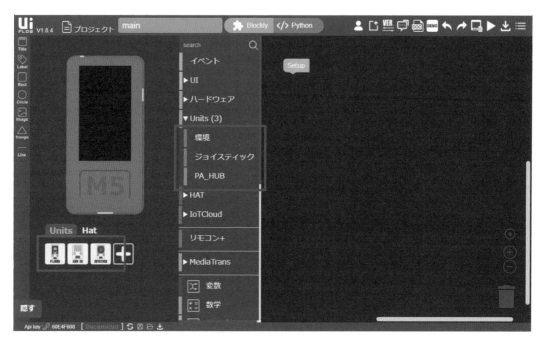

接続先は画面下にあるユニットをクリックすることでも変更が可能です。
ポートの指定が間違っていないかを確認してください。

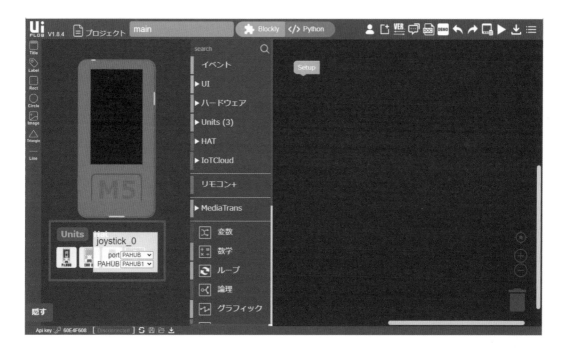

使い方ですが、実は個別に使うのと変わりません。ユニットを追加するときにPaHubを選択し、接続したポート番号を指定しているので実際にアクセスするときにUIFlowが自動的に切り替えてくれています。

PortA(I2C)拡張ハブユニットは非常に便利なユニットで、使い方も簡単です。拡張ハブユニットに比べると若干高いのですが、それほど金額は変わりませんので通常はこちらを使うことをおすすめします。

3-4 I/Oハブユニットを使う

I/Oハブユニット (https://www.switch-science.com/catalog/6064/) は黒いPortBのハブなのでPbHubとも呼ばれています。I2Cの赤いPortAから複数の黒いPortBのユニットを接続することができます。

I/Oハブユニット自体は赤いI2Cを使うユニットなので、PortA(I2C)拡張ハブユニットの先に接続することもできます。

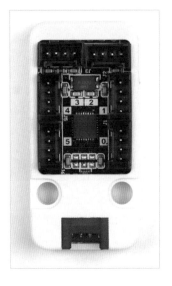

□ 接続方法

M5StickC Plus にI/Oハブユニットを接続し、ポート0番にボタンユニットを、ポート1番にボリュームのアングルユニットを接続してみたいと思います。

01 I/Oハブユニットを追加

Step

まずはI/Oハブユニットを追加します。通常と同じようにM5StickC PlusのPortAを指定します。

追加されました。

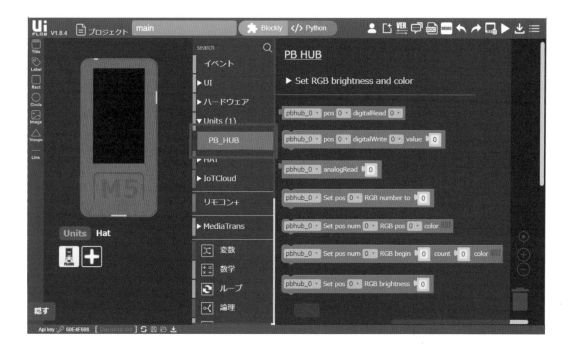

02 **ボタンユニットを追加**

Step
ボタンユニットを追加しようとしたのですが、PortA(I2C)拡張ハブユニットのようにPbHubが追加されていません。実はI/Oハブユニットを使う場合には既存のユニットブロックを使うことができないのです。I/Oハブユニットのブロックを使い、自分で処理を設定する必要があります。

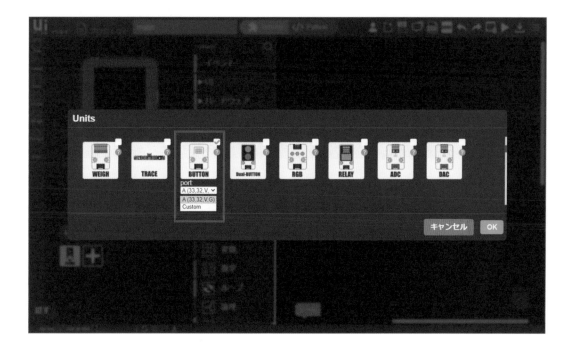

I/Oハブユニットのブロック確認

I/Oハブユニットのブロックを確認してみます。

ブロック	概要
digitalRead	0か1かの信号を入力する
digitalWrite	0か1かの信号を出力する
analogRead	0から1023までの電圧を入力する
RGB number	接続しているRGB LEDの数
RGB pos color	指定した場所の色を指定する
RGB begin count color	複数の色を指定する
RGB brightness	RGB LEDの明るさを指定する

少しわかりにくいのですがRGB LED用のブロックと入出力のブロックになります。ボタンなどを押したか押していないかの2種類の場合にはdigitalReadを使い、アングルユニットのようなボリューム値を取得する場合にはanalogReadを使います。

04

Step

ボタンユニットの情報取得

イベントブロックのずっとブロックに**UI**ブロック＞**ラベルブロック**＞ ラベル label0 に Hello M5 を表示 を追加し、
PB_HUBブロックの pbhub_0 pos 0 digitalRead 0 をラベルに追加します。
その際、ボタンユニットはポート0番に接続されているのでposを0に設定します。

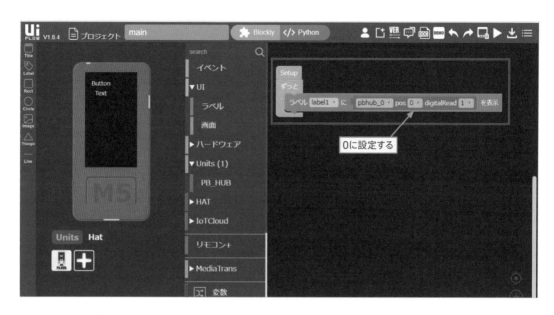

0に設定する

digitalReadのプルダウンは0と1が選択できます。これはケーブルの信号線が2本あるため、どちらの信号を取得するかを選択します。ボタンを押しながら試したところ、1を選択するとボタンの状態が取得できました。
この状態で動かすとボタンを押していない場合にはtrue、ボタンを押した場合にはfalseとM5StickC Plusの画面に表示されました。

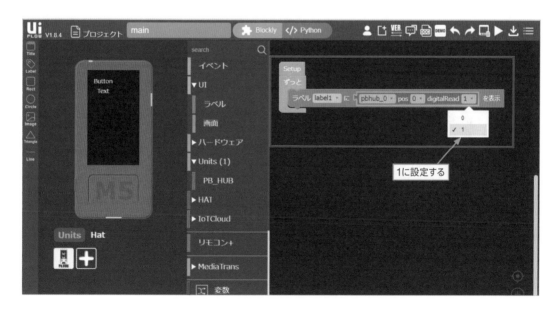

1に設定する

05 アングルユニットの情報取得

Step STEP03と同じように ラベル label0 ▼ に Hello M5 を表示 と pbhub_0 ▼ pos 0 ▼ digitalRead 0 ▼ を追加します。
設定ですが、ボタンユニットはポート1番に接続されているので1に設定します。analogReadではpos
しか選択できないようです。

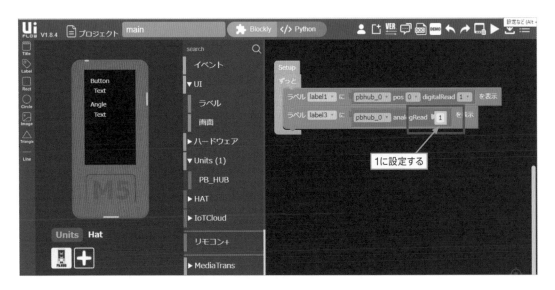

実行してみたところ14から737ぐらいまでの数値が画面に表示されました。I/OハブユニットのanalogReadは
精度が低くあまり正確ではありませんので注意してください。
また、個体差もありますので数値の範囲もユニットの組み合わせによって変化すると思います。

I/OハブユニットはM5Stack Basicなど赤いI2Cポートしかないボードではありがたいのですが、UIFlowでは
個別のユニットブロックが使えないのでちょっと残念ですね。

M5StickC Plus以外の
ボードについて

4

M5StickC Plus以外のボードを使うときの注意点を簡単にまとめてみました。基本的な使い方は同じなのですが用途に合わせてボードを選択してみてください。

4-1　M5StickC

大きな差としてはブザーを内蔵しておらず、画面も小さいです。バッテリーもM5StickC Plusと比べると少しだけ小さいものが利用されています。価格差がありますので、ブザーが必須ではない場合にはM5StickCでも構わないと思います。基本的な使い方はどちらも変わりません。

また、M5StickCの場合には腕時計マウンタや、ネジ固定用マウンタなどが同梱されている商品もあります。本体のサイズは共通なので、マウンタのみM5StickC Plusで使うことも可能です。

4-2　M5Stack Basic, Gray, Core2

M5Stack社のボードでも標準的な製品になります。ただし赤いI2Cポートしかありませんので使えるユニットが限定されてしまいます。特に青いUARTを使うユニットが使えないので注意してください。

ユニットの接続以外については標準的なボードですので使いやすいと思います。

4-3　M5Stack Fire, GO, Core2 for AWS

一番の特徴は赤、黒、青と三種類のポートが利用できることです。ポートを増設しているため、他のボードと比べると厚くなっています。UIFlowでは非常に使いやすいボードなのですが、他のボードに比べて少し値段が高いのが難点です。

4-4 ATOM Lite, Matrix

基本的な使い方はM5StickC Plusと変わらないのですが、画面のかわりにRGBマトリックスLEDを搭載しているのが特徴です。はじめて使うユニットなどのプログラムは画面にあるボードで使い方を確認してから、実際に動かすときにATOMに移植するのがおすすめです。
ENV系ユニットやPIRユニットなどを使って、長時間動作させる場合には安価なATOMシリーズが適しているはずです。

4-5 M5Paper, CoreInk

電子ペーパーを使ったユニットで、非常に省電力で動きます。他のボードはバッテリーで数十分から数時間単位の動作が可能ですが、電子ペーパーを使ったボードでは省電力を意識すれば数日ぐらいまで動かすことが可能です。とはいえ、非常に扱いが難しいボードですのであまりおすすめはしません。

4-6 M5Stamp Pico

非常に安いボードですが、USB端子が内蔵されていませんので別途書き込み用のボードが必要になります。数台しか使わないのであればATOMシリーズを使った方が便利で安くなることが多いです。

Chapter 8

5

さいごに

UIFlowやプログラムに興味が持てたでしょうか? M5Stack社は毎週新製品を販売している会社であり、進化し続けています。そのためUIFlowもどんどん更新されており、書籍に書いてある画面とは違っている可能性があります。新しいブロックや機能も増えています。昔は動いていたものが急に動かなくなったり、機能自体がなくなったりすることもたまに発生していますので対処方法や、次のステップへのヒントを提示させていただきます。

5-1 情報の集め方

M5Stack社は中国の会社ですが、公式サイトなどは英語での情報が豊富です。UIFlowの上メニューにもFORUMへのリンクがあります。

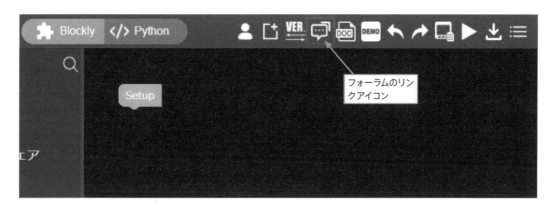

フォーラムには更新履歴などの公式情報の他に、わからないことなどを質問できる掲示板機能があります。しかしながら登録が必要であり、英語のみですのでなかなか利用するのは難しいです。

M5Stackは日本でブームになり、その後他の国でもブームになりつつあります。そのため公式サイト以外では日本語の情報が圧倒的に多いのが特徴です。困ったことがあった場合には検索サイトなどで検索してみるのがよいと思います。

また、SNSになりますがTwitterではM5Stackの公式アカウントや、日本のUIFlow利用者が多くいますので使い方がわからないとつぶやくことで返事をもらえることが多いです。FacebookにもM5Stackの利用者が集まっているグループがありますので情報が集めやすくなっています。

SNSが利用できない場合には、まずは日本語で検索してみることをおすすめします。

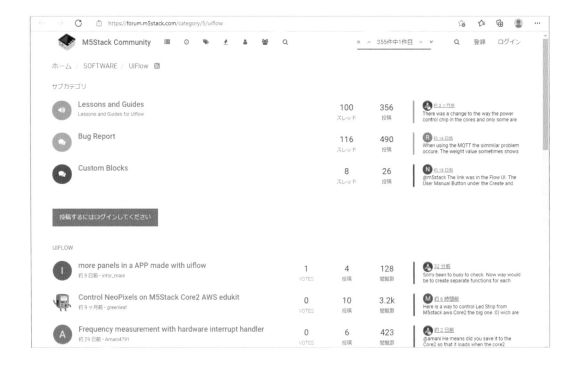

Lessons and Guides Lessons and Guides for Uiflow	100 スレッド	356 投稿	約2ヶ月前 There was a change to the way the power control chip in the cores and only some are
Bug Report	116 スレッド	490 投稿	約14日前 When using the MQTT the simmilar problem occure. The weight value sometimes shows
Custom Blocks	8 スレッド	26 投稿	約18日前 @m5stack The link was in the Flow UI. The User Manual Button under the Create and

5-2 書籍紹介

プログラムを作っていくと、人により作りたいものが違ってくると思います。おすすめする書籍を2点紹介したいと思います。

● ギャル電とつくる! バイブステンアゲサイバーパンク光り物電子工作 (ギャル電 著、オーム社、2021年9月)

物を光らせたい人はかなりの割合でいます。この書籍では電子工作で必要な基礎知識から必要な道具、作り方から壊したときの直し方までを丁寧に解説しています。かなり実践的なことまで記述されていますので、電子工作で何かを表現したい人にはおすすめです。

● 無駄なマシーンを発明しよう! ~独創性を育むはじめてのエンジニアリング (藤原 麻里菜 著、技術評論社、2021年7月)

こちらはもう少し動きに興味がある人向けの書籍です。モーターなどを使っていろいろなものを動かしたり、実際に物をつくる方法を学ぶことができます。
どちらの書籍も楽しみながら物を作っており、光り物と発明とで目的は違いますが非常にわかりやすくておすすめです。教科書的な本はたくさんありますが、実際に作る上での心構えを教えてくれる書籍はあまりないと思います。
この他にもM5Stack社の製品に興味が出た人は様々な書籍がでていますので、自分に合うものを探してみてほしいと思います。
プログラム自体に興味が出た人は、UIFlowの裏側で動いているPythonや、昔から使われているC言語などの書籍をおすすめします。こちらも数がありすぎますので、ぜひ書店などで中身をパラパラと見てみて、わかりやすそうだなって思ったものを見つけてもらいたいです。

アルファベット

著者プロフィール

田中正幸（たなか　まさゆき）

ESP32を中心にM5Stack関連の情報を日本一投稿しているLang-ship(https://lang-ship.com/)の管理人。
PlayStation 2からXbox 360ぐらいまでの世代のゲームタイトル開発に従事。PCゲームや通信対戦などのサーバー
サイドや、携帯電話向けゲームなどにも関わる。その後オープンソース系のWeb開発会社に転職し、JavaやPHP
でのシステム開発。現在は渋谷にあるインターネット関連の会社にて開発部署の管理職を務める。

開発をあまり行わなくなったので、趣味でArduinoを触りだし、M5Stack社のM5StickCにハマる。以後、ESP32
やM5Stack関連の情報を大量発信中。CQ出版のInterface誌にも記事を執筆。

STAFF

編集・DTP： 株式会社三馬力
ブックデザイン： 霜崎 綾子
カバーイラスト： 2g（https://twograms.jimdo.com）
担当： 角竹 輝紀

M5Stack ／ M5Stickではじめる
エムファイブスタック　　　エムファイブスティック

かんたんプログラミング

2022年4月22日　初版第1刷発行

著者 田中 正幸
発行者 滝口 直樹
発行所 株式会社マイナビ出版
〒101-0003　東京都千代田区一ツ橋2-6-3 一ツ橋ビル 2F
TEL：0480-38-6872（注文専用ダイヤル）
TEL：03-3556-2731（販売）
TEL：03-3556-2736（編集）
編集問い合わせ先：pc-books@mynavi.jp
URL：https://book.mynavi.jp
印刷・製本 株式会社ルナテック

© 2022　田中　正幸 , Printed in Japan
ISBN978-4-8399-7747-4

・定価はカバーに記載してあります。
・乱丁・落丁についてのお問い合わせは、TEL：0480-38-6872（注文専用ダイヤル）、電子メール：sas@mynavi. jpまでお願いいたします。
・本書掲載内容の無断転載を禁じます。
・本書は著作権法上の保護を受けています。本書の無断複写・複製（コピー、スキャン、デジタル化等）は、著作権法上の例外を除き、禁じられています。
・本書についてご質問等ございましたら、マイナビ出版の下記URLよりお問い合わせください。お電話でのご質問は受け付けておりません。また、本書の内容以外のご質問についてもご対応できません。

https://book.mynavi.jp/inquiry_list/